TRAITÉ

DES

MEMBRANES.

IMPRIMERIE DE PLASSAN,

RUE DE VAUGIRARD, N° 15.

TRAITÉ DES MEMBRANES EN GÉNÉRAL, ET DE DIVERSES MEMBRANES EN PARTICULIER;

PAR XAV. BICHAT,

DES SOCIÉTÉS DE MÉDECINE, MÉDICALE ET PHILOMATIQUE DE PARIS; DE CELLES DE BRUXELLES ET DE LYON.

NOUVELLE ÉDITION, REVUE ET AUGMENTÉE DE NOTES

PAR M. MAGENDIE,

DE L'ACADÉMIE DES SCIENCES, MÉDECIN DE L'HÔPITAL DE LA SALPÊTRIÈRE, etc.

PARIS,

MÉQUIGNON-MARVIS, LIBRAIRE POUR LA PARTIE DE MÉDECINE, RUE DU JARDINET, N° 13.

GABON, LIBRAIRE, RUE DE L'ÉCOLE-DE-MÉDECINE, N° 10.

MONTPELLIER, MÊME MAISON, GRANDE RUE.

A

MON PÈRE

ET MON MEILLEUR AMI,

J.-B. BICHAT,

D. MÉDECIN.

XAV. BICHAT.

AVERTISSEMENT

SUR CETTE ÉDITION.

Le *Traité des Membranes* a brillé un moment dans la science et n'y est pas resté : l'*Anatomie générale* et les *Recherches physiologiques* le laissèrent bientôt en arrière ; mais cet ouvrage sera toujours un monument biographique des plus curieux. Quel médecin débuta jamais dans la carrière par un travail aussi neuf et aussi spirituel, où se rencontre l'alliance bien rare d'une imagination active et de l'esprit d'observation ?

Ce qui frappe en ouvrant ce livre, c'est la candeur du jeune auteur : il convient d'abord qu'il doit la première idée de son ouvrage à son illustre maître, M. Pinel ; mais par la manière dont il étend et féconde cette idée, il montre assez qu'il était en état de ne la devoir qu'à lui-même.

Toutefois le Traité des Membranes, par le grand nombre de vues hasardées et même d'erreurs qu'il contient, le peu de sévérité des déductions, l'espèce d'entraînement qui emporte l'esprit de l'auteur bien au-delà de ce qu'avoue une saine logique, n'est pas un livre qu'on doive mettre sans précaution entre les mains des étudians; mais il sera toujours lu avec un vif intérêt et un plaisir réel par le médecin philosophe qui veut connaître toutes les phases d'un grand talent. La jeunesse de l'auteur, son imagination brillante, son besoin de rapprochemens, souvent plus nouveaux et inattendus que vrais, expliqueront à chacun les défauts de l'ouvrage; mais qui refuserait de rendre hommage au jeune génie plein de force et d'enthousiasme qui va répandre une clarté nouvelle sur l'anatomie, la physiologie et la médecine?

Aujourd'hui un Traité des Membranes

devrait comprendre une histoire exacte et expérimentale, 1° de leurs propriétés physiques durant la vie et après la mort;

2°. De leur composition chimique et de leur manière de se comporter avec la foule des réactifs connus;

3°. Des propriétés qui ne peuvent se rapporter ni aux propriétés physiques, ni aux chimiques, et qui seraient purement dépendantes de l'état de vie;

4°. Des altérations qu'elles éprouvent dans les maladies, en faisant toujours avec discernement et sans préjugé la part de ce qui est physique ou chimique, de ce qui est simplement vital.

En réunissant ces diverses sources de connaissances, on aurait un livre fondamental de toute la médecine. Pour faire un semblable ouvrage, il faudrait une somme d'instructions variées, bien difficile à rencontrer aujourd'hui, et qui ne pouvait exister du temps de Bichat, puisque les sciences où on les aurait puisées étaient beaucoup moins avancées qu'elles ne le sont maintenant.

L'édition du Traité des Membranes étant épuisée, le libraire m'a sollicité de placer quelques notes à celle qu'il se proposait de publier. J'y ai consenti, non dans l'intention de mettre l'ouvrage au niveau de la science, il aurait fallu le refaire entièrement, mais avec le désir de signaler quelques-unes des plus graves erreurs qui s'y trouvent, et surtout de redresser la description fautive de l'arachnoïde que l'auteur a donnée. Il était d'autant plus urgent de faire ces corrections, que l'arachnoïde a pris, entre les membranes, une grande importance, à raison de ses rapports avec le fluide *céphalo-spinal* que j'ai récemment décrit, et qui joue un rôle si important dans les fonctions du système nerveux. C'est seulement sur ce point que mes notes ont quelque extension et auront peut-être une certaine utilité, puisque la considération du fluide contenu dans les ventricules du cerveau et dans la cavité *sous-arachnoïdienne* devient une des questions les plus intéressantes de la physiologie et de la pathologie.

1er septembre 1827.

MAGENDIE.

PRÉFACE.

J'ai inséré quelques réflexions sur les membranes dans les *Mémoires de la Société médicale :* elles étoient le précis d'un travail plus étendu, sur lequel je voulois consulter l'opinion des savants, avant d'en hasarder la publication. Des hommes dont le jugement est pour moi d'un grand poids, les accueillirent avec un intérêt qui m'enhardit aujourd'hui à mettre au jour ce travail. Personne ne l'avoit encore entrepris, quoique la médecine et la physiologie puissent en retirer des avantages marqués. Le vide réel qu'il me paroît remplir ; diverses expériences qu'il contient, et d'où peuvent naître, je crois, d'utiles résultats ; quelques vues propres peut-être à éclairer la théorie des forces vitales et de leurs sympathies ; plusieurs faits anatomiques nouveaux qui s'y trouvent exposés, m'excuseront, je l'espère, aux yeux des savants, de surcharger encore d'un traité une science où l'on a déjà tant écrit, et où ce qui est à retrancher surpasse sans doute ce qui reste à ajouter.

NOTICE HISTORIQUE

SUR

LA VIE ET LES TRAVAUX

DE

MARIE-FRANÇOIS-XAVIER BICHAT,

PAR M. HUSSON.

Lue à la Société médicale d'émulation, le 10 fructidor an 10.

Marie-François-Xavier Bichat naquit à Thoirette, département du Jura, le 14 novembre 1771, de Jean-Baptiste Bichat, docteur en médecine, et de Marie-Rose Bichat.

Au sortir de l'enfance, ses parents l'envoyèrent au collége de Nantua, pour y faire ses humanités. L'amour du travail, son respect pour ses maîtres, son attachement pour ses condisciples, firent alors du jeune Bichat un de ces sujets précieux qui laissent entrevoir quels seront dans la suite la moralité et le mérite de celui qu'on admire déjà comme élève.

En 1788, il entra au séminaire de Saint-Yrénée, à Lyon, pour y terminer ses études par son cours de philosophie.

Bichat se distingua constamment dans les deux maisons où il fut élevé, par sa douceur, sa modestie et ses succès. Il remporta chaque année des prix au collége de Nantua, et soutint à Lyon des exercices publics sur la physique et les mathématiques avec la plus grande distinction.

La révolution paralysant ensuite tous les genres d'instruction, Bichat quitta Lyon, revint dans sa famille, et reçut de son père les premiers éléments de l'anatomie; mais son goût prédominant pour les mathématiques le reporta à Lyon, où il continua à les étudier, en même temps qu'il suivoit le cours d'anatomie et les visites du grand hôpital. Enfin, la tourmente révolutionnaire transformant cette brillante cité en un vaste champ de désolation et de mort, il vint chercher dans l'école de l'immortel Desault un abri contre la persécution qu'éprouvoient alors les jeunes gens de son âge.

Bichat arrive à Paris en 1793. Dépourvu de

toute espèce de recommandation, livré à lui-même, et uniquement occupé de se soustraire à la réquisition, dans laquelle il étoit compris, il fréquente les leçons de Desault, et, après un mois de séjour à Paris, il est enfin remarqué par cet homme célèbre. Bientôt il est admis à faire quelques pansements dans l'Hôtel-Dieu; ensuite il lit dans l'amphithéâtre où se faisoient les leçons cliniques les observations des malades dont il suivoit la cure, et partout se fait distinguer par son zèle et sa modestie. Ses observations étoient rédigées avec tant de méthode, tant de précision, tant de clarté, que Desault voulut rapprocher de lui un talent dont il prévoyoit l'étendue, et qui pouvoit servir si puissamment un art que lui-même cultivoit avec tant d'éclat. Il admit Bichat chez lui, l'adopta, et depuis cette époque Bichat fut associé à ses travaux et à sa gloire.

Telle est l'origine de la réputation de notre confrère, origine doublement honorable, puisqu'elle s'appuie également sur le mérite de l'élève et sur la justice du maître.

Bichat ne put jouir long-temps de la bienveillante amitié de Desault : la mort enleva ce grand homme en 1795, et laissa à son élève les regrets de la perte d'un père adoptif, en même temps que la tâche honorable de remplir s intentions par la publication des matériaı accumulés dans son *Journal de chirurgie*.

Depuis long-temps Desault formoit le proj de rassembler dans un cadre régulier et m thodique toutes les découvertes dont il avc enrichi la chirurgie; il vouloit refondre s(journal, en retrancher tous les faits isolés, co server ceux dont l'ensemble pût fournir d inductions générales; en un mot, il voulc créer un code de doctrine chirurgicale. Ass(cié par lui à cette entreprise, Bichat remp dans cette circonstance la fonction difficile (rendre les idées de son maître, et on doit s' tonner de tout ce qu'il osa entreprendre à cet époque. Il se livroit avec une ardeur indicib aux travaux de l'enseignement, préparoit lu même ses leçons, dirigeoit les études anatom ques de cent élèves, et publioit en même tem les œuvres chirurgicales de son maître.

Toutes ces occupations ne l'éloignèrent j mais de ses amis : il sentoit au contraire dava tage le besoin d'oublier auprès d'eux les fatigu d'une vie aussi active, et c'est à ce besoin qı remonte l'époque de la formation de la Socié médicale.

Alors on vit éclore parmi quelques élèves (

l'École de médecine le noble projet de se réunir, de se communiquer le fruit de ses recherches, de rendre plus sensible par la discussion ce que les leçons des professeurs pouvoient présenter de difficile, de répéter les expériences tentées déjà par les physiologistes les plus habiles. Ce projet, aussitôt exécuté que conçu, eut peu de partisans plus zélés que Bichat; et c'est à lui que la Société médicale d'émulation doit la rédaction des règlements qui firent si long-temps sa gloire, et l'impulsion étonnante imprimée aux esprits de tous les membres qui la composèrent dans les premiers temps de sa formation.

La Société médicale peut, avec quelque raison, s'enorgueillir d'avoir été la première dépositaire des travaux qui ont immortalisé notre confrère. C'est dans les *Actes* de notre Société que nous retrouvons ses premières vues sur les membranes et sur la distinction des deux vies; c'est là que Bichat commença à prouver que son génie devoit franchir les bornes auxquelles il nous est si souvent difficile d'atteindre. Je ne vous entretiendrai point des modifications qu'il apporta à la confection du trépan, ni du procédé nouveau qu'il inventa pour la ligature des polypes; il ajoutoit lui-même peu d'importance à ces objets : tout son attention se portoit sur la physiologie ; e son *Mémoire sur la membrane synoviale des articulations*, chef-d'œuvre de logique, de précision, de méthode analytique, donna une juste mesure de tout ce que Bichat pouvoit entreprendre.

Notre confrère, le professeur Pinel, avoit envisagé les phlegmasies d'une manière inconnue jusqu'alors aux auteurs des systèmes nosologiques. L'observation des phénomènes morbifiques l'avoit conduit à classer ces phlegmasies d'après les caractères des affections organiques. Il pensoit que ces affections étant variées, la structure des parties membraneuses n'étoit pas identique. Bichat confirma, dans sa *Dissertation sur les membranes*, les vues et l'observation du professeur Pinel ; et ici nous devons admirer le mutuel concours de l'anatomie et de la médecine : l'une trouve au lit du malade ce que l'autre confirme dans ses recherches sur le cadavre ; celle que l'on dit plus conjecturale précède pour ainsi dire la certitude que la seconde jette sur cette belle théorie des inflammations. Nous devons l'avouer, messieurs, il y a plus de mérite à pressentir, d'après la diversité de nos maladies, la différence dans l'organisation de nos parties, qu'il n'y a de difficulté à classer nos affections d'après la connoissance parfaite de ces mêmes parties : aussi la science devra plus, dans cette circonstance, à l'observation première du professeur Pinel, qu'aux recherches anatomiques de Bichat.

Le travail sur les membranes, qu'il inséra dans le deuxième volume de nos *Actes*, n'étoit que le précis du grand ouvrage qu'il publia bientôt sur le même sujet. Il ne l'entreprit qu'en multipliant sur lui-même des expériences souvent dangereuses, en faisant de nombreuses ouvertures de cadavres, et en se livrant à l'observation attentive des phénomènes morbifiques. C'est alors qu'embrassant l'art dans sa totalité, il commença à s'adonner à la médecine : il sentoit que la chirurgie, illustrée par les chirurgiens du dernier siècle, ne lui offroit plus un champ assez vaste ; la médecine, au contraire, plus cultivée depuis que les connoissances positives étoient devenues plus générales, surtout depuis l'époque où, pour la première fois en France, le professeur Corvisart avoit fondé son école clinique ; la médecine, dis-je, présenta à l'imagination toujours ardente de Bichat un nouvel aliment.

à son génie de nouveaux moyens de se signaler.

Le *Traité des Membranes* fixa sur notre collègue les yeux de tous les savants : on n'avoit rien vu depuis les *Traités des Glandes* et *du Tissu muqueux*, par Bordeu, qui pût être comparé à cet ouvrage; et l'admiration qu'il inspira à ses confrères ainsi qu'à ses élèves, pénétra jusque dans l'Institut national *.

C'est dans son *Traité des Membranes* que l'on trouve le premier jet de toutes les vérités que, par la suite, il a développées dans ses *Recherches physiologiques sur la vie et la mort*, ainsi que dans son *Anatomie générale;* c'est dans cet ouvrage qu'existent essentiellement les premières traces de la méthode qu'il suivit dans tous les autres, et qu'on trouve reproduites les premières idées qui le conduisirent à la distinction des deux vies; distinction qu'il avoit déjà fait pressentir dans un Mémoire particulier *sur les organes symétriques.*

---

* On sait, à cet égard, que, dans un rapport verbal fait à la classe des Sciences physiques, le professeur Hallé rangea cet ouvrage parmi ceux qui pouvoient mériter les honneurs de la proclamation à la fête du 1er vendémiaire.

Alors on vit paroître une critique amère et peu modérée de la production la plus étonnante qu'ait faite peut-être en médecine un homme de 27 ans. Bichat, dans cette circonstance, n'affecta ni ressentiment ni mépris; il se plaignit sans aigreur de la mauvaise foi et du fiel de la critique *, et trouva dans l'étude l'oubli de cette injustice.

Cependant il méditoit une réponse digne de lui, digne de la science. Il pensa que, dans l'état actuel de la physiologie, la méthode expérimentale de Haller et les vues grandes et philosophiques de Bordeu étoient les seuls guides à prendre; il suivit ces modèles, et publia ses *Recherches sur la vie et la mort*.

---

* « Je n'ai point essayé de dissiper des doutes mis » en avant sur quelques faits anatomiques que j'ai » publiés dans mon *Traité des Membranes*, je ren» voie à l'inspection cadavérique ceux à qui on a fait » naître ces doutes : quant à ceux qui les ont fait » naître, cette inspection leur est inutile; ils ne peu» vent avoir oublié que j'ai disséqué avec eux, et que » je leur ai montré ce qu'ils me reprochent de croire » avoir trouvé et de n'établir que sur des conjec» tures. » *Recherches physiologiques sur la vie et la mort*, par Xav. Bichat, *préface*, pag. iij.

La Société médicale peut encore réclamer une espèce de droit de propriété sur cet ouvrage. En effet Bichat avoit, dans son *Mémoire sur les organes symétriques*, deuxième volume de nos *Actes*, établi la différence des deux vies animale et organique, distinction qui dès-lors lui fraya une route nouvelle, et fixa irrévocablement ses idées sur la nature des phénomènes de l'homme vivant. Ce trait de lumière frappa tous les physiologistes : quelques-uns crurent trouver dans Buffon, Bordeu et Grimaud des idées analogues ; d'autres lui reprochèrent ouvertement de les avoir empruntées d'eux ; et enfin, lorsque ses *Recherches sur la vie et la mort* parurent, les envieux, se condamnant au silence, n'eurent que la triste ressource, en admettant ses principes, de lui contester cette découverte. C'est ainsi que, toujours supérieur à l'intrigue, il la maîtrisa toujours, en opposant à ses clameurs ou à ses menées la candeur du vrai mérite, et la noble persévérance de l'homme, qu'elle ne peut troubler.

Au milieu de tous ses travaux, Bichat ne négligeoit pas son occupation favorite, l'enseignement. Son école, chaque jour plus nombreuse, formoit des élèves qui répandoient sa doctrine, répétoient ses préceptes, et établissoient sur les fondements les plus solides, la reconnoissance et l'estime, la réputation de leur jeune maître. Bichat méritoit cette récompense; elle fut toujours pour lui la source des sentiments les plus doux; et c'est faire l'éloge de son cœur que d'avouer qu'elle a beaucoup contribué à soutenir son zèle dans les travaux rebutants auxquels il se livroit. Ses leçons n'étoient point une occupation mécanique, dans laquelle le professeur s'empresse de s'acquitter des engagements qu'il contracte avec ses disciples; elles n'étoient pas non plus un passe-temps stérile, une conversation périodique et fastidieuse; elles présentoient au contraire l'image du commerce réciproque de l'amitié instruite et de l'amitié qui cherche à s'instruire : doit-on s'étonner qu'elles aient eu pour lui des charmes, et qu'elles lui aient fourni les moyens d'exécuter son immortel ouvrage de l'*Anatomie générale?*

Jusqu'alors hérissée des minuties scolastiques, l'anatomie rebuta trop souvent par sa sécheresse les jeunes gens destinés à l'étude de l'art de guérir. Nous ne pouvons même aujourd'hui nous rappeler sans un sentiment pénible toutes ces divisions multipliées, ces descriptions fatigantes, ce langage apprêté et souvent inintelligible, qui constituoit alors la science anatomique. Bichat sortit le premier de la route commune; il présenta l'anatomie sous un point de vue nouveau, étudia l'organisation générale de l'homme dans les tissus simples qui le composent, divisa l'économie vivante en plusieurs *systèmes;* et en pressant les faits, en rapprochant l'observation de l'expérience, il recula les limites de la science, et s'éleva à lui-même un monument qui éternisè sa gloire. Il est difficile, en lisant cet ouvrage, de ne pas retrouver à chaque page les traces du génie qui animoit chacune de ses productions : toujours des applications utiles, des vues grandes, des points de pratique discutés avec toute la maturité de l'âge; enfin, des aperçus qui, dans la suite, seroient devenus des vérités fondamentales.

Bichat composa et publia son *Anatomie générale* dans l'espace d'une année : c'étoit pendant la nuit qu'il confioit au papier les vérités qu'il nous a transmises. Croira-t-on que jamais il ne copia une seconde fois ce qui devoit le lendemain être soumis à l'impression? Croira-t-on surtout que les deux derniers volumes aient été composés avant les deux premiers?

Tout chez lui étoit extraordinaire; et certes cette espèce d'abus de facilité naturelle prouvoit en même temps une imagination ardente qui ne peut s'astreindre à aucune règle, et un génie supérieur devant lequel un plan préliminairement conçu se déroule sans omettre le moindre détail.

L'*Anatomie générale* étoit à peine publiée lorsqu'il fit paroître deux volumes de l'*Anatomie descriptive.* Riche de faits, dégagé du luxe stérile des divisions et subdivisions, cet ouvrage offre un tableau exact et précis de l'aspect extérieur des organes, des considérations étendues sur les tissus particuliers qui les constituent, et des recherches nombreuses sur les propriétés de chacun d'eux.

Le nombre prodigieux de cadavres qu'il a examinés pour faire cet ouvrage, les expériences multipliées qu'il tenta sur les animaux vivants pour observer de plus près la nature dans ses douleurs, ses désorganisations et ses crises, lui firent naître l'idée d'enseigner l'anatomie pathologique.

Toujours lui-même, toujours supérieur aux obstacles, il voyoit dans un fait le germe de mille vérités, et l'instant où on le croyoit occupé de la recherche qu'il avoit méditée, étoit celui où son attention se fixoit sur les conséquences de ce qu'il venoit de trouver, et sur mille objets accessoires. C'est ainsi que pour lui un travail en appeloit un autre, et que tout, dans sa doctrine, porte l'empreinte de cette succession d'études et de cet enchaînement d'idées, qui supposent une tête forte et grandement organisée.

Une circonstance infiniment favorable seconda le projet qu'il avoit, de faire un cours d'anatomie pathologique. Nommé médecin de l'Hôtel-Dieu, il trouva dans cet hôpital toutes les facilités que pouvoit désirer l'activité de son imagination, la bienveillance de ses confrères, le zèle obligeant de ses collaborateurs, et un très-grand nombre de malades. Tous ces moyens, en redoublant son zèle, alimentoient chez lui le besoin de faire tout concourir à son instruction et à l'accroissement de la science.

On sait qu'il ambitionnoit comme une faveur d'être chargé du service des autres médecins; qu'il recherchoit chaque jour dans la froide dépouille de l'homme les causes du trouble dont il n'avoit pu enchaîner les funestes effets; qu'il avouoit avec candeur les erreurs qu'il pouvoit commettre, et que, dans la multitude de faits dont il étoit témoin, il n'en laissoit échapper aucun dont il n'eût étudié les rapports et prévu les conséquences.

Cette étude, bien capable sans doute de satisfaire l'esprit, ne soulageoit point son cœur. En effet, c'est peu pour une âme sensible de connoître et d'apprécier les ravages de nos nombreuses maladies ; il faut au moins qu'elle se console par l'idée de la possibilité du soulagement dans nos maux. Toujours placé entre la mort et les douleurs, Bichat devoit naturellement chercher à éloigner les approches de l'une, et à calmer les atteintes des autres. Il espéroit trouver ces moyens dans la matière médicale ; et comme pour lui la meilleure méthode d'apprendre étoit celle d'enseigner, il commença un cours de matière médicale, dans lequel il développa les plus belles vues, les idées les plus fécondes et les préceptes les plus solides.

Qui peut calculer jusqu'où notre confrère eût étendu ses recherches ? qui peut prévoir quel eût été le terme de sa gloire, si la mort ne fût venue arrêter le cours d'une existence à laquelle se rattacheront toujours les souvenirs de toutes les vertus aimables et de la modestie, qui chez lui s'identifioit avec le mérite? Chaque jour lui offroit de nouveaux triomphes, chaque jour il reculoit les bornes de l'art, et bientôt sans doute il eût surpassé les hommes célèbres qui l'avoient précédé dans la carrière qu'il a éclairée d'une manière si brillante.

Bichat, livré au genre de vie le plus fatigant, portoit depuis long-temps le germe de l'atteinte funeste à laquelle il succomba. Sans cesse dans son laboratoire d'anatomie ou dans les salles de l'Hôtel-Dieu, il puisoit dans l'atmosphère les éléments d'une destruction prochaine. Occupé, le 19 messidor, à examiner les progrès de la putréfaction de la peau, une odeur infecte s'élevant du vase où il la faisoit macérer, éloigna de lui les élèves, compagnons ordinaires de ses travaux; il eut seul la témérité de poursuivre ses recherches dans un endroit bas et humide. En sortant de son laboratoire, il fit une chute sur la totalité du corps; des syncopes en furent la suite, et quelques jours après se déclarèrent tous les symptômes d'une fièvre ataxique. Je fus témoin des soins vraiment maternels que lui prodiguoit l'estimable veuve de son maître, j'ai vu sa tendre sollicitude; et, deux jours avant sa mort, cette femme respectable, ranimée par l'apparence de quelques symptômes rassurants, s'applaudissoit des lueurs trompeuses d'une convalescence prochaine. Son espoir s'évanouit dans la même journée ; un redoublement violent vint détruire tout le calme qu'avoit fait naître dans nos esprits l'état à peu près satisfaisant où nous avions vu Bichat, qui succomba le 3 thermidor, quatorzième jour de sa maladie.

Telle fut la fin d'un homme qui, à trente-un ans, avoit déjà obtenu des succès et entrepris des travaux qui eussent immortalisé plusieurs savants. Frappé à l'âge où le feu de l'imagination, la vivacité du génie, l'activité de la constitution, sont dans toute leur force, de quoi n'eût-il pas été capable lorsqu'une longue expérience, l'observation de plusieurs années et la maturité de l'âge, auroient rectifié ce que lui-même auroit pu blâmer dans ses ouvrages, ou étendu encore la sphère déjà immense des découvertes et des applications utiles qu'il avoit faites ?

Si, après avoir rappelé à la Société tous les titres de Bichat à l'estime et à la considération publique, nous nous arrêtons aux qualités qui le firent chérir de tous ceux qui le connurent, nous sentirons davantage l'étendue de la perte que nous avons faite. Il fut bon fils, ami sincère, homme probe; sa modestie lui faisoit redouter, moins pour lui que pour ses libraires, le non-succès de ses ouvrages; peut-être cette vertu alloit-elle chez lui jusqu'à la timidité. Son caractère toujours égal, toujours franc, toujours généreux, supportoit sans impatience l'injustice et même l'injure. On ne le vit point mendier bassement des louanges, ambitionner des places, accumuler des titres; il ignoroit ce commerce honteux des réputations de journaux, cette espèce de courtage littéraire, dans lequel les éloges semblent être une restitution usuraire de ceux qu'une partie contractante a reçus antérieurement. Étranger aux petites passions, il en fut quelquefois la victime; son inaltérable douceur, la candeur de son âme, cherchoient souvent à excuser les torts de ses envieux. Il avoit, dans le commerce habituel de la vie, une bonté, une douceur qui lui attachèrent invariablement plusieurs d'entre nous. Il eut aussi parmi les personnes les plus distinguées de notre art des admirateurs zélés, des amis sincères. Les désigner ici, c'est honorer sa mémoire; et l'estime affectueuse que lui portèrent MM. Corvisart, Lepreux, Hallé, Thouret, Pinel, Leroux, est sans contredit une preuve du mérite supérieur de notre confrère.

Le premier vient d'employer l'influence que lui donne la place éminente qu'il occupe, pour appeler l'attention du gouvernement sur la récompense qu'il mérita. L'amitié, dans cette circonstance, se montra doublement attentive, puisqu'elle a obtenu que le maître et l'élève seroient également honorés par un monument qui, en rapprochant leurs noms, les transmettroit ensemble à la postérité.

Et nous aussi nous pouvons élever à la mémoire de notre collègue un monument qui perpétue parmi nous jusqu'au souvenir de ses traits. M. Giraud, au milieu des larmes que lui arracha la mort de son ami, a pris soin de conserver l'empreinte de la figure de Bichat. Si parmi les Sociétés savantes auxquelles il a appartenu, il en est une qui doive s'empresser de placer son buste dans le lieu de ses séances, c'est sans contredit celle qu'il a fondée, dont il a rédigé les règlements, et à laquelle il a fait hommage de ses premiers travaux.

Je demande que la Société souscrive pour

un des bustes de Bichat, et qu'il soit placé dans cette salle, comme un monument de l'estime que la Société lui portoit, et comme un gage de l'union qui doit animer tous les membres qui la composent.

La Société médicale a arrêté, dans sa séance extraordinaire du 16 fructidor, que le buste de Mar.-Fr.-Xav. Bichat seroit placé dans le lieu ordinaire de ses séances.

TRAITÉ

DES MEMBRANES

EN GÉNÉRAL.

ARTICLE PREMIER.

Considérations générales sur la classification des membranes.

I. Les membranes n'ont point été jusqu'ici un objet particulier de recherches pour les anatomistes. Ce genre d'organes, disséminé pour ainsi dire dans tous les autres, concourant à la structure du plus grand nombre, ayant rarement une existence isolée, n'a jamais été isolément examiné par eux. Ils en ont associé l'histoire à celle des organes respectifs sur lesquels elles se déploient. Le péricarde et le cœur, la plèvre et le poumon, le péritoine et les organes gastriques, la sclérotique et l'œil, le gland et sa muqueuse enveloppe, les intestins et leurs tuniques fongueuses, appartiennent toujours au même chapitre, dans leurs ouvrages. C'est, pour la description, la marche la plus simple et sans doute la meilleure; mais en la suivant, les anatomistes, frappés de la différence de structure des organes, ont oublié que leurs membranes respectives pouvoient avoir de l'analogie; ils ont négligé d'établir entre elles des rapprochements, et c'est là un vide essentiel.

II. La science manque ici de ces considérations générales qui précèdent, dans nos livres anatomiques, le traité de chaque système organique, tels que les systèmes nerveux, vasculaire, musculaire, osseux, ligamenteux, etc.; considérations qui forment la plus belle partie de l'étude de la structure animale, et qui nous montrent la nature, uniforme partout dans ses procédés, variable seulement dans leurs résultats, avare des moyens qu'elle emploie, prodigue des effets qu'elle en obtient, modifiant de mille manières quelques principes généraux, qui, différemment appliqués, président à notre économie et en constituent les innombrables phénomènes.

III. Haller, qui, sous le triple rapport de l'érudition, des expériences et de l'observation, semble avoir épuisé chaque point d'anatomie, n'a fait pour ainsi dire qu'effleurer celui-ci. Il n'établit dans son article *Sur les membranes en général* aucune ligne de démarcation entre elles. Une texture analogue les confond toutes ; elles ne sont à ses yeux qu'une modification de l'organe cellulaire, qui lui fournit une base commune, toujours facile à ramener à son état primitif. Cette opinion, vraie sous un rapport, sera évidemment prouvée fausse sous plusieurs dans la suite de cet ouvrage. Ici, la moindre réflexion suffit pour concevoir que ces organes doivent différer, non-seulement par la manière dont est arrangée, entre-croisée, la fibre qui les forme, mais encore par la nature de cette fibre elle-même ; qu'il y a entre eux différence de composition comme de tissu. Cette composition pourroit-elle être en effet la même dans des parties que distinguent leur conformation extérieure, leurs propriétés vitales, leurs fonctions ?

IV. Plusieurs médecins célèbres ont conçu cette vérité depuis Haller ; ils ont senti que, dans le système membraneux, diverses limites étoient à établir entre des organes jusqu'ici confondus. L'observation des caractères extrêmement variés que prend l'inflammation sur chaque membrane leur en a surtout indiqu la nécessité ; car souvent l'état morbifique plus que l'état sain, développe nettement l différence des organes entre eux, parce qu dans l'un, plus que dans l'autre cas, leurs force vitales se montrent très-prononcées. M. Pine a établi d'après ces principes un judicieux rap prochement entre la structure différente et le différentes affections des membranes : c'est e lisant son ouvrage, que l'idée de celui-ci s'es présentée à moi (1), quoique cependant plu sieurs résultats s'y trouvent, comme on le verra très-différents de ceux qu'il a énoncés.

V. Lorsqu'on embrasse d'un coup d'œil gé néral toutes les membranes de l'économie or ganique, il semble que la classification doit e être très-composée, tant par rapport à leu étonnante multiplicité, qu'à cause de leur ap

(1) On aime à voir un jeune homme, plein d force et de talent, rendre un candide hommage a savant modeste qui l'a précédé dans la carrière e qui en a ouvert les voies; bien différent de ceu qui, pour faire un peu de bruit, n'ont pas crain d'empoisonner la vieillesse de l'homme vénérabl dont la bonté les avait sortis de l'obscurité à laquelle leur médiocrité native les condamnait.

parente variété dans chaque région. Ce n'est point exagérer la proportion des membranes internes avec la peau, que de la fixer de 8 : 1; et s'il étoit possible de les rassembler toutes en une même surface, peut-être aucune n'offriroit-elle un aspect exactement semblable à celui des autres. Cependant, pour peu qu'on réfléchisse à leur structure et à leurs fonctions, on voit bientôt que plusieurs se rapprochent, et que, quoiqu'une conformation extérieure différente semble les distinguer, cette différence n'est cependant que dans la forme, et nullement dans le fond de leur organisation.

VI. Il faut donc fixer avec précision quelles membranes appartiennent à la même classe, quelles sont celles qui s'isolent ou se rapprochent entre elles : or, observons ici que les caractères de nos divisions ne doivent point être fondés sur des attributs extérieurs, étrangers pour ainsi dire à la nature de l'organe, mais bien sur cette nature elle-même. Ce n'est que sur l'identité simultanée de la conformation extérieure, de la structure, des propriétés vitales et des fonctions, que doit être fondée l'attribution de deux membranes à une même classe. Laissons à d'autres sciences les méthodes artificielles de distribution; ce n'est que par les méthodes naturelles que nous pouvons être conduits ici à d'utiles résultats.

VII. En classant les membranes d'après ces principes, nous pouvons, je crois, les rapporter à deux divisions générales : l'une comprendra les membranes simples, l'autre les membranes composées. J'appelle *membranes simples* celles dont l'existence isolée ne se lie que par des rapports indirects d'organisation avec les parties voisines : une membrane *composée* est celle qui résulte de l'assemblage de deux ou de trois des précédentes, et qui en unit les caractères souvent très-différents.

VIII. On peut distribuer dans trois classes générales les membranes simples. La première est celle des membranes *muqueuses*, dont j'emprunte la dénomination du fluide qui en humecte habituellement la surface libre, et que fournissent de petites glandes inhérentes à leur structure (1) ; elles revêtent l'intérieur de tous

---

(1) Il est fort douteux que ce soit les petites glandes dont parle Bichat, qui fournissent seules le mucus qui se voit sur la surface des membranes muqueuses ; il est beaucoup plus probable que cette sécrétion s'effectue par tous les points de la surface de la membrane.

les organes creux qui communiquent à l'extérieur par les diverses ouvertures dont la peau est percée : telles sont les cavités de la bouche, de l'œsophage, de l'estomac, des intestins, de la vessie, de la matrice (1); les fosses nasales, tous les conduits excréteurs, etc.... Dans la seconde classe se trouvent les membranes *séreuses*, caractérisées aussi par le fluide lymphatique qui les lubrifie sans cesse, et qui, séparé par exhalation de la masse du sang, diffère en cela du précédent, qui s'en échappe par voie de sécrétion (2). Ici se rangent le péricarde, la plèvre, le péritoine, la tunique vaginale, l'arachnoïde, la membrane synoviale des articulations, celle des coulisses des tendons, etc.... Enfin, la troisième classe comprend les membranes *fibreuses*, que leur texture fait ainsi dénommer, qu'aucun fluide n'humecte, que compose une fibre blanche analogue aux tendons, et auxquelles se rapportent le périoste, la dure-

(1) On regarde aujourd'hui comme très-douteux que l'intérieur de la matrice soit tapissé par une membrane muqueuse.

(2) Cette distinction est difficile à établir, et repose en grande partie sur une idée hypothétique sur laquelle nous reviendrons.

mère, la sclérotique, l'enveloppe du corps caverneux, les aponévroses, les capsules articulaires, les gaînes tendineuses, etc. Je n'expos aucun des caractères de ces membranes pou appuyer la division indiquée ci-dessus; leu description servira à établir toutes leurs différences, et par là même à prouver la justesse d la démarcation établie entre elles.

IX. Chacune des membranes simples précédentes concourt en diverses parties à forme les membranes composées, que je divise e *fibro-séreuses, séro-muqueuses, fibro-muqueuses*

X. Outre les membranes simples et composées dont je viens de parler, il en est encor plusieurs qui, ou entièrement inconnues dan leur organisation, ou connues, mais isolées existant seules de leur espèce, ne peuvent fair partie d'une classification quelconque.

XI. Enfin, les membranes accidentellemen développées dans l'état morbifique, telles qu la pellicule des cicatrices, la poche membraneuse que forment les kystes, etc., méritent aussi de devenir l'objet de nos recherches, soit par elles-mêmes, soit par leur analogie avec les membranes naturelles.

ARTICLE II.

Des Membranes muqueuses.

§ Ier. *De l'étendue, du nombre des membranes muqueuses.*

XII. Les membranes muqueuses occupent, comme nous l'avons dit, l'intérieur des cavités communiquantes avec la peau par ses diverses ouvertures : leur nombre, au premier coup d'œil, est très-considérable; car les organes au-dedans desquels elles se réfléchissent sont très-multipliés. L'estomac, la vessie, l'urètre, la matrice, les uretères, les intestins, etc., etc., empruntent, chacun, de ces membranes une partie de leur structure; cependant, si on considère que partout elles sont continues, que partout on les voit naître, en se prolongeant, les unes des autres, comme elles naissent primitivement de la peau, on concevra que ce nombre doit être singulièrement limité. En effet, en les envisageant ainsi, non point isolément dans chaque partie, mais en même temps sur toutes celles où elles se continuent, on voit qu'elles se réduisent à deux surfaces générales, dont toutes les autres sont des portions.

XIII. La première de ces deux surfaces,

pénétrant par la bouche, le nez et la face antérieure de l'œil, 1° tapisse la première et la seconde de ces cavités, se prolonge, de l'une, dans les conduits excréteurs des parotides des glandes sous-maxillaires; de l'autre, dans tous les sinus, forme la conjonctive, s'enfonce dans les points lacrymaux, le canal, le sac nasal, et se continue dans le nez; 2° descend dans le pharynx et y fournit un prolongement à la trompe d'Eustache, qui de là pénètre dans l'oreille interne et la tapisse, comme nous le verrons; 3° s'enfonce dans la trachée-artère, et se déploie sur toutes les voies aériennes; 4° pénètre dans l'œsophage et l'estomac; 5° se propage dans le duodénum, où elle fournit deux prolongemens, destinés, l'un au conduit cholédoque, aux rameaux nombreux de l'hépatique, aux cystiques et à la vésicule; l'autre, au pancréatique et à ses diverses branches; 6° se continue dans les intestins grêle et gros, et se termine enfin à l'anus, où on la voit s'identifier avec la peau.

XIV. La seconde membrane muqueuse générale pénètre dans l'homme par l'urètre, et de là se déploie, d'une part, sur la vessie, les uretères, les bassinets, les calices, les mamelons et les conduits capillaires qui s'ouvrent à leur sommet; de l'autre part, elle s'enfonce dans les tubes excréteurs de la prostate, dans les conduits éjaculateurs, les vésicules séminales, les canaux déférents et les branches mille fois repliées qui leur donnent naissance. Chez la femme, cette membrane s'introduit par la vulve, et, pénétrant d'un côté par l'urètre, se comporte, comme dans l'homme, sur les organes urinaires; de l'autre côté, on la voit entrer dans le vagin, le tapisser, ainsi que la matrice, les trompes, et se continuer ensuite avec le péritoine par l'ouverture de ces conduits. C'est le seul exemple, dans l'économie, d'une communication établie entre les surfaces muqueuses et les séreuses.

XV. Cette manière d'indiquer le trajet des surfaces muqueuses, en disant qu'elles se prolongent, s'enfoncent, pénètrent, etc., d'une cavité à l'autre, n'est point sans doute conforme à la marche de la nature, qui crée dans chaque organe les membranes qui lui appartiennent, et ne les étend point ainsi de proche en proche; mais notre manière de concevoir s'accommode mieux de ce langage, dont la moindre réflexion rectifie le sens.

XVI. En rapportant ainsi à deux membranes générales toutes les surfaces muqueuses, je suis non-seulement appuyé sur l'inspection anatomique, mais encore l'observation pathologique me fournit et des points de démarcation entre elles deux, et des points de contact entre les diverses portions de membranes dont chacune est l'assemblage. Dans les divers tableaux d'épidémies catarrhales tracés par les auteurs, on voit fréquemment l'une de ces membranes être affectée en totalité, l'autre au contraire rester intacte; il n'est surtout pas rare d'observer une affection générale de la première, de celle qui se prolonge de la bouche, du nez et de la surface de l'œil dans les voies alimentaires et les bronches. La dernière épidémie observée à Paris, dont M. Pinel a été lui-même affecté, portoit ce caractère; celle de 1761, décrite par Razous, le présentoit aussi; celle de 1732, décrite dans les *Mémoires de la Société d'Edimbourg*, fut remarquable par un semblable phénomène : or, on ne voit point alors une affection correspondante dans la membrane muqueuse, qui se déploie sur les organes urinaires et sur ceux de la génération. Il y a donc ici, 1° analogie entre les portions de la première par l'uniformité d'affection; 2° démarcation entre les deux, par l'intégrité de l'une et la maladie de l'autre.

XVII. On voit aussi que l'irritation d'un point quelconque d'une de ces membranes détermine fréquemment une douleur dans un autre point de la même membrane qui n'est pas irrité. Ainsi le calcul dans la vessie cause une douleur au bout du gland (1); la présence des vers dans les intestins, une démangeaison au bout du nez, etc., etc.... Or, dans ces phénomènes purement sympathiques, il est infiniment rare que l'irritation partielle de l'une de ces deux membranes affecte douloureusement une des parties de l'autre.

XVIII. On doit donc, d'après l'inspection et l'observation, considérer la surface muqueuse en général comme formée par deux grandes

---

(1) Bichat a fort souvent, dans son étonnante activité d'esprit, et au milieu des aperçus les plus justes, laissé échapper des assertions qu'il lui aurait été difficile de prouver. Ici, par exemple, quelle preuve avait-il que c'était seulement l'irritation de la muqueuse de la vessie qui réagissait sympathiquement sur la muqueuse du gland? Il est d'observation, au contraire, que la douleur des calculeux se fait ressentir dans la totalité du gland, et non point exclusivement à sa surface. La même remarque peut être faite relativement à l'action des vers intestinaux.

membranes successivement déployées sur plu sieurs organes, n'ayant entre elles de commu nication que par la peau, qui leur sert d'inter médiaire, et qui, se continuant avec toute deux, concourt ainsi avec elles à former un membrane générale partout continue, enve loppant au-dehors l'animal, et se prolongean au-dedans sur la plupart de ses parties essen tielles. On conçoit qu'il doit exister des rap ports importants entre la portion intérieure e la portion extérieure de cette membrane uni que : c'est aussi ce que d'ultérieures recherche vont bientôt nous montrer.

§ II. *Organisation extérieure des membranes muqueuses.*

XIX. Toute membrane muqueuse présent deux surfaces : l'une adhérente aux organe voisins; l'autre libre, hérissée de villosités toujours humide d'un fluide muqueux. Cha cune mérite une attention particulière.

XX. La surface adhérente correspond pres que partout à des muscles. La bouche, le pha rynx, tout le conduit alimentaire, la vessie, l vagin, la matrice, une portion de l'urètre, etc. présentent une couche musculeuse, embras sant au-dehors leur tunique muqueuse, qu est en dedans. Cette disposition coïncide parfaitement dans les animaux à panicule charnu avec celle de la peau, qui d'ailleurs se rapproche de si près, comme nous le verrons, de la structure des membranes muqueuses, et qui, comme nous l'avons vu, leur est partout continue. Dans l'homme, l'organe cutané présente encore çà et là des traces de ce muscle extérieur, comme on le remarque au peaucier, au palmaire cutané, aux occipitaux frontaux, à la plupart des muscles du visage, etc.... Cette disposition des membranes muqueuses fait qu'elles sont agitées de mouvements habituels de contraction et de dilatation, qui favorisent la sécrétion qui s'y opère, et les diverses autres fonctions dont elles sont le siége.

XXI. L'insertion de cette couche musculeuse ne se fait pas immédiatement à la face externe des membranes muqueuses, mais bien, selon Albinus, à une couche dense de tissu cellulaire, que tous les auteurs anciens ont décrite, à l'estomac, aux intestins, à la vessie, etc., sous le nom de *tunique nerveuse*, mais qui, bien examinée, ne présente aucun caractère analogue à celui qu'indique ce nom. L'expérience de l'insufflation par laquelle on la ramène à son état primitif n'est point aussi facile qu'Albinus et au-

tres l'ont prétendu : c'est ce qui m'a fait sou
çonner que peut-être sa nature n'étoit pas c
lulaire ; qu'elle étoit probablement de textu
fibreuse, formée par l'assemblage et l'entr
croisement d'une foule innombrable de te
dons extrêmement déliés et à peine sensible
offrant des points d'origine et de terminais
à toutes les fibres charnues de la couche mu
culeuse, lesquelles, comme on le sait, ne déc
vent jamais des cercles entiers, mais bien d
segments plus ou moins étendus de cette cou
be. J'avoue que ce soupçon, quoique assez vra
semblable, n'est fondé sur aucune expérien
décisive et rigoureuse.

XXII. Quelle que soit, au reste, la nature
cette membrane intermédiaire à la muqueu
et à la musculeuse, elle a évidemment une te
ture dense, serrée, qui lui donne une rés
stance très-analogue à une des couches fibre
ses. C'est d'elle que l'organe reçoit sa form
c'est elle qui maintient et assujettit cette fo
me : l'expérience suivante le prouve. Pren
une portion d'intestin ; enlevez-lui dans
point quelconque cette couche, ainsi que la s
reuse et la musculeuse ; soufflez-la ensuit
après l'avoir liée inférieurement : l'air déte
mine en cet endroit une hernie de la tuniq

muqueuse. Retournez ensuite une autre portion d'intestin ; privez-la, dans un petit espace, de sa membrane muqueuse et de celle-ci, l'insufflation produira sur les tuniques séreuses et musculeuses le même phénomène que dans le cas précédent elle a déterminé sur la muqueuse : donc c'est à cette couche intermédiaire qu'il doit sa résistance aux substances qui y tendent. Disons-en autant de l'estomac, de la vessie, de l'œsophage, etc.

XXIII. La surface libre des membranes muqueuses, celle qu'humecte habituellement le fluide dont elles empruntent leur nom, présente deux espèces de rides ou de plis. Les uns, inhérents à la structure de ces membranes, s'y rencontrent constamment, quel que soit l'état de dilatation ou de resserrement de l'organe : tels sont le pylore, les valvules conniventes des intestins grêles, celle de Bauhin, etc.... Ces plis sont formés non-seulement par la membrane muqueuse, mais encore par la tunique intermuqueuse, mais encore par la tunique intermédiaire dont nous avons parlé, qui prend ici une densité et une épaisseur remarquables et qui assure leur solidité.

XXIV. Les autres plis sont pour ainsi dire accidentels, et ne s'observent que pendant la contraction de l'organe : tels sont ceux de l'in-

térieur de l'estomac, des gros intestins, et
Dans le plus grand nombre des cadavres h
mains apportés dans nos amphithéâtres, c
plis dont on parle tant pour l'estomac ne so
point susceptibles d'y être aperçus, parce qu
le plus communément, le sujet est mort à
suite d'une affection qui a altéré en lui les forc
vitales, au point d'empêcher toute action de
viscère; en sorte que, quoiqu'il se trouve fr
quemment en état de vacuité, ses fibres ne so
nullement contractées.

XXV. Dans les expériences sur les animau
vivants, au contraire, ces plis deviennent trè
sensibles; et voici comment on peut les démo
trer. Faites copieusement manger ou boire u
chien; ouvrez-le à l'instant, et fendez l'estom
le long de la grande courbure : aucun pli n'e
alors apparent; mais bientôt il se contracte
ses bords se renversent, toute la surface m
queuse se couvre d'une infinité de rides trè
saillantes, en forme de circonvolutions. On o
tient le même résultat en arrachant d'un an
mal récemment tué l'estomac : en le distendan
par l'air et l'ouvrant ensuite, ou bien enco
en le fendant tout de suite dans son état c
vacuité et en le tiraillant en sens opposé p
ses bords, il s'étend, ses rides disparoissent, c

si on cesse de les distendre, elles se reforment alors sur-le-champ d'une manière manifeste.

XXVI. J'observe, au sujet de l'insufflation de l'estomac, qu'en le distendant avec de l'oxigène, on ne détermine pas par le contact de ce gaz des rides plus prononcées, et par conséquent une contraction plus forte qu'en faisant usage pour le même objet du gaz acide carbonique. Cette expérience présente un résultat assez semblable à ce que j'ai observé en rendant des animaux emphysémateux par différents fluides aériformes. Les grenouilles et les cochons d'Inde (ce sont les deux espèces choisies pour avoir un exemple dans les animaux à sang rouge et froid, et dans ceux à sang rouge et chaud) ne présentent que très-peu de différences dans leur irritabilité et dans leur susceptibilité galvanique, soit qu'ils aient été soufflés par l'oxigène, soit qu'ils aient été gonflés par le gaz acide carbonique, et que conséquemment leurs muscles aient été en contact avec l'un ou avec l'autre, résultat différent de celui des diverses asphyxies. Ils vivent très-bien avec cet emphysème artificiel, qui finit peu à peu par se dissiper. L'emphysème avec le gaz nitreux est constamment mortel, et son contact semble frapper les muscles d'atonie. Distendu par lui, l'estomac, au bout de peu de temp ne se contracte pas, et ses rides ne paroisse plus. Au reste, ici, comme dans tous les essa qui ont les forces vitales pour objet, on obtie des résultats souvent très-variables.

XXVII. Il suit de ce que nous avons dit su les replis des membranes muqueuses que, da la contraction des organes creux qui tapisse ces membranes, elles ne subissent qu'une trè légère diminution de surface, qu'elles ne s contractent presque pas, mais se plissent au dedans, en sorte qu'en les disséquant sur so organe en contraction, on auroit une étendu presque égale à celle qu'elles présentent pen dant sa dilatation. Cette assertion, vraie pou l'estomac (1), l'œsophage, les intestins, ne l'es peut-être pas tout-à-fait autant pour la vessie dont la contraction montre au-dedans des ride

(1) Cette assertion est au contraire loin d'êtr exacte pour l'estomac; non-seulement la muqueus de cet organe se plisse quand il revient sur lui-même mais son épaisseur s'accroît d'une manière très-sensible; elle diminue beaucoup quand l'organe es même médiocrement distendu. Il est facile de vérifier ce fait soit sur le cadavre, soit sur l'animal vivant.

moins sensibles ; mais elles le sont assez pour ne point déroger entièrement à la loi générale. Il en est aussi à peu près de même de la vésicule du fiel ; cependant ici on trouve une autre cause. Alternativement observée dans la faim et pendant la digestion, la vésicule contient le double de bile dans le premier cas que dans le second, comme j'ai eu occasion de le voir une infinité de fois dans des expériences faites sur cet objet ou dans d'autres vues. Or, lorsque la vésicule est en partie vide, elle ne se contracte pas sur ce qui reste de bile avec l'énergie de l'estomac lorsqu'il contient peu d'aliments, avec la force de la vessie lorsqu'elle renferme peu d'urine. Elle est alors flasque ; en sorte que sa distension ou sa non-distension n'influent que légèrement sur les replis de sa membrane muqueuse (1).

---

(1) Il y a plusieurs erreurs dans ce paragraphe. D'abord ce n'est pas à raison de la digestion que la vésicule diminue de volume quand l'estomac contient des alimens, mais bien à cause de sa distension, et de la pression médiate qu'il exerce sur la vésicule. Ensuite la vésicule du fiel n'est pas contractile chez les mammifères ; aussi, comme le remarque très-bien Bichat, elle est flasque quand elle contient peu

XXVIII. Au reste, en disant que les membranes muqueuses présentent toujours, à quelque différence près, la même surface dans l'extension et le resserrement de leurs organes respectifs, je n'entends parler que de l'éta ordinaire des fonctions, et non de ces énorme dilatations dont on voit souvent l'estomac, l vessie, plus rarement les intestins, devenir l siége. Alors il y a sans doute une extension e une contraction réelles qui, dans la membrane coïncident avec celle de l'organe.

XXIX. Une observation remarquable qu nous présente la face libre des membranes mu queuses, et que déjà j'ai indiquée, c'est qu cette face est partout en contact avec des corp hétérogènes à celui de l'animal, soit que ce corps introduits du dehors pour le nourrir n soient point encore assimilés à sa substance comme on le voit dans le tube alimentaire

---

de bile ; c'est une preuve évidente que ce n'est p sa contraction qui a expulsé la bile de sa cavité. A milieu des inexactitudes qui lui sont échappées, qui tiennent en grande partie à la rapidité avec l quelle il composait, Bichat montre le plus souve un excellent esprit et toujours une grande cande d'observation.

dans la trachée-artère; soit qu'ils viennent du dedans, comme on l'observe dans tous les conduits excréteurs des glandes, lesquels s'ouvrent tous dans des cavités tapissées par les membranes muqueuses, et transmettent au-dehors les molécules, qui, après avoir concouru pendant quelque temps à la composition des solides, leur deviennent hétérogènes, et s'en séparent par le mouvement habituel de décomposition qui se fait dans les corps vivants. D'après cette observation, on doit regarder les membranes muqueuses comme des limites, des barrières, qui, placées entre nos organes et les corps qui leur sont étrangers, les garantissent de l'impression funeste de ces corps, et servent par conséquent, au-dedans, aux mêmes fonctions que remplit au-dehors la peau à l'égard des corps qui entourent celui de l'animal, et qui tendent sans cesse à agir sur lui.

§ III. *Organisation intérieure des membranes muqueuses.*

XXX. Il y a entre les membranes muqueuses et les autres cette différence essentielle sous le rapport de l'organisation intérieure, que toujours elles résultent de l'assemblage de plusieurs feuillets, les séreuses, fibreuses, etc., n'en ayant jamais qu'un. Ces feuillets ou couches sont, au corps réticulaire près, les mêmes que ceux qui composent la peau, avec laquelle ces sortes de membranes ont la plus exacte analogie. Nous allons isolément examiner chacune de ces couches, l'épiderme, le corps papillaire et le chorion, dans leurs attributs généraux. Nous considérerons ensuite les modifications particulières qu'elles subissent dan diverses parties des surfaces muqueuses.

XXXI. Tous les auteurs ont admis l'épiderm des membranes muqueuses; il paroît mêm que la plupart ont cru qu'il n'y a que cette por tion de la peau qui descend dans les cavités pou les tapisser. Haller, en particulier, est de cett opinion. Mais la moindre inspection suffit pou remarquer qu'ici, comme à la peau, elle n forme qu'une couche superficielle au corp papillaire et au chorion. L'eau bouillante, qu la détache de dessus le palais, la langue, l pharynx même, laisse ensuite apercevoir à n les deux autres couches (1).

---

(1) Le véritable épiderme des membranes mu queuses, c'est la couche de mucus qui les revêt; l'é piderme de la peau est aussi une couche de mucu

XXXII. Cet épiderme est très-distinct sur le gland, à l'entrée de l'anus, de l'urètre, des fosses nasales, de la bouche, et en général partout où les membranes muqueuses commencent à se séparer de la peau. Il se démontre dans ces divers endroits par les fréquentes excoriations qui y surviennent, aux lèvres principalement par la dissection avec une lancette très-fine, qui sert à le soulever, par l'action de l'eau bouillante, l'approche d'un fer rougi, les épispastiques même, comme le prouve le procédé des anciens, qui, pour rafraîchir les bords libres du bec-de-lièvre, employoient ce moyen.

XXXIII. Mais à mesure que l'on s'enfonce dans la profondeur des membranes muqueuses, l'existence de cette enveloppe y devient plus difficile à constater; l'instrument le plus délicat ne peut l'y soulever. L'eau bouillante ne la dé-

---

comme les analyses chimiques l'ont démontré. Il n'y a donc de différence entre l'épiderme proprement dit et la couche muqueuse qui revêt les membranes muqueuses, qu'en raison de la consistance ; dans un cas le mucus est demi-liquide, dans l'autre il est solide. Cette différence physique des deux épidermes est parfaitement appropriée à leurs fonctions respectives.

tache point, au moins dans les intestins, l
vésicule du fiel et l'estomac, que j'ai soumis
cette expérience, soit lorsque la chaleur vital
les avoit abandonnés, soit lorsque, arraché
palpitants du ventre d'un animal, ils étoien
encore tout pénétrés des forces de la vie. Mai
ce que nos expériences ne peuvent faire, le
inflammations l'opèrent fréquemment. Tou
les auteurs qui ont écrit sur les affections de
organes qui tapissent ces membranes, rappor
tent des exemples de lambeaux plus ou moin
considérables, rejetés au-dehors par l'urètre
l'anus, la bouche, les narines, etc. Haller a re
cueilli un grand nombre d'observations sem
blables. Sans doute qu'alors la séparation d
l'épiderme se fait à peu près comme on le voi
dans les inflammations cutanées. Au reste, dan
plusieurs cadavres morts avec des signes d'in
flammation sur les membranes muqueuses, e
que j'ai déjà eu occasion de disséquer ou d
faire disséquer, je n'ai pu encore observer cett
séparation s'opérant, c'est-à-dire l'épiderme s
soulevant dans un point, et restant encore adhé
rent aux autres, comme dans l'érysipèle. J'a
essayé sans succès de la déterminer par l'appli
cation d'un épispastique sur la tunique intern
des intestins d'un chien.

XXXIV. Cet épiderme est sujet, comme celui de la peau, à devenir calleux par la pression. Choppart cite l'exemple d'un berger dont le canal de l'urètre présentoit cette disposition, à la suite de l'introduction fréquemment répétée d'une petite baguette, pour se procurer des jouissances voluptueuses. On connoît la densité que prend cette enveloppe dans l'estomac des gallinacés. Dans certaines circonstances où les membranes muqueuses sortent au-dehors, comme dans les chutes de l'anus, du vagin, de la matrice, dans les anus contre nature, etc., quelquefois la pression des vêtements produit dans cet épiderme une épaisseur sensiblement plus considérable que celle qui lui est naturelle.

XXXV. L'épiderme est joint aux poils sur la peau, quoiqu'elle ne leur donne pas immédiatement naissance. Quelquefois aussi on observe des productions piliformes dans les membranes muqueuses. La vessie, l'estomac, les intestins, la membrane pituitaire, ont été, en diverses circonstances, le siége de ces excroissances non naturelles : Haller en cite divers exemples (1).

---

(1) C'est probablement à la muqueuse des voies

XXXVI. Cette enveloppe paroît avoir sur les surfaces muqueuses la même texture qu'à la peau, à la finesse près, dans les lames dont elle résulte. C'est à cette finesse et par là même à la dénudation des nerfs, qu'il faut sans doute rapporter la facilité qu'on éprouve à exciter dans la sensibilité diverses modifications remarquables, lorsque, par les procédés galvaniques, on arme de zinc la surface muqueuse de la conjonctive, de la pituitaire, de la membrane interne du rectum ou des gencives, etc., et qu'on met en contact immédiat ou médiat ces métaux divers. L'épiderme se reproduit avec promptitude lorsqu'il a été enlevé. Dépourvu de toute espèce de sensibilité, il est, sous ce rapport, destiné, comme la peau, à garantir le corps papillaire très-sensible qui lui est sous-jacent. C'est à sa présence sur les mem-

---

urinaires qu'il faut rapporter les poils qui forment les caractères de la gravelle que j'ai nommée pileuse, et ceux qui se voient quelquefois dans certains calculs décrits par M. J. Cloquet. Mais alors pourquoi ces poils ne restent-ils pas implantés dans les bulbes qui les ont produits? pourquoi se mêlent-ils avec le dépôt salin de l'urine, dans quelques cas, en quantité vraiment extraordinaire? (Voy. *Journal de Physiol. exp.*, Tom. VI.)

branes muqueuses qu'on doit attribuer la faculté qu'elles ont d'être exposées à l'air et même au contact des corps extérieurs, sans s'exfolier ni s'enflammer, comme on le voit dans les anus contre nature, les chutes de l'anus, etc.... ; tandis que les membranes fibreuses et séreuses ne supportent jamais impunément ce contact: de là aucun danger, sous ce rapport au moins, d'ouvrir la vessie ; de là, au contraire, le précepte si justement recommandé de ne pas ouvrir la cavité du péritoine, d'inciser, le moins possible, les capsules synoviales, etc.... J'observe que l'existence de l'épiderme sur les membranes muqueuses est importante à considérer, par rapport à l'opinion de ceux qui, comme Séguin, les en croyant dépourvues, ont dit que la contagion se gagnoit toujours par le poumon, et non par la peau, que garantit, selon eux, cette enveloppe (1).

XXXVII. A l'épiderme succède, dans l'organisation de la peau, le corps muqueux ou ré-

---

(1) Je l'ai déjà dit, le véritable épiderme des membranes muqueuses est la couche de mucus qui les revêt dans l'état sain, et qui ne diffère de l'épiderme de la peau qu'en ce que dans les membranes muqueuses le mucus est visqueux, et que dans la peau il est

ticulaire, spécialement décrit par Malpighi, et généralement considéré comme le siége de la couleur des diverses races humaines. On le décrit comme une couche criblée de trous par le passage des mamelons nerveux. M. Sabattier indique la manière de le voir; Sœmmering l'a, dit-on, isolé de l'épiderme et du chorion sur le scrotum d'un Éthiopien : j'avoue que je n'ai encore pu l'apercevoir; M. Portal ne paroît pas avoir été plus heureux.

XXXVIII. On distingue seulement une espèce de suc gélatineux, intermédiaire au corps papillaire et à l'épiderme, et le plus communément même il n'est pas apparent; jamais je n'ai pu non plus l'observer avec précision. En examinant attentivement la peau d'un nègre, j'ai vu, l'épiderme étant enlevé, la surface externe du chorion teinte en noir, et voilà tout. Au reste, quels que soient et ce corps réticulaire et cet enduit muqueux, certainement ils n'existent pas dans les membranes muqueuses, puisqu'elles ne participent point à la coloration de

---

sec et de forme membraneuse. Que leur membrane muqueuse se trouve accidentellement et durant un certain temps exposée à l'air, le mucus se solidifie et prend les caractères de l'épiderme de la peau.

téguments. L'ardeur du soleil, qui obscurcit ceux-ci dans les blancs, ne paroît point agir sur le commencement de ces membranes, exposées, ainsi qu'eux, à cette ardeur, comme on le voit au bord rouge des lèvres, etc. J'ai remarqué plusieurs fois cependant, sur le palais des chiens soumis à mes expériences, des taches analogues à celles qui coloroient çà et là leur enveloppe extérieure (1).

XXXIX. La sensibilité de la peau est due, comme on le sait, principalement au corps papillaire; celle des membranes muqueuses, entièrement analogue à celle de la peau, me paroît tenir à la même cause. Les papilles de ces membranes ne peuvent être révoquées en doute; à leur origine, là où elles s'enfoncent dans les cavités, dans le commencement même de ces cavités, comme sur la langue, au palais, à la partie interne des ailes du nez, sur le gland, dans la fosse naviculaire, au-dedans des lèvres, etc...., l'inspection suffit pour les y démontrer. Mais on demande si, dans la profondeur de ces membranes, ces papilles existent aussi. L'analogie l'indique, puisque la sensibi-

---

(1) Voir sur ce sujet les Expériences de M. Gautier, et ma *Physiologie*, Tom. III.

lité y est la même qu'à leur origine; mais l'in spection le prouve d'une manière non moin certaine. Je crois que les villosités dont on le voit partout hérissées ne sont autre chose qu ces papilles.

XL. On a eu sur la nature de ces villosit des idées très-différentes : elles ont été cons dérées, à l'œsophage et dans l'estomac, comm destinées à l'exhalation du suc gastrique; au intestins, comme servant à l'absorption d chyle, etc.... Mais, 1° il est difficile de conce voir comment un organe, partout à peu pr semblable, remplit en diverses parties des fon tions si différentes. Je dis à peu près semblabl car on sait que les villosités des intestins grêl sont plus prononcées que celles des gros, etc.. 2° Quelles seroient les fonctions des villosit de la membrane pituitaire, de la tunique in terne de l'urètre, de la vessie, si elles n'ont pa rapport à la sensibilité de ces membranes 3° Les expériences microscopiques si vanté de Leiberkuhn sur l'ampoule des villosités in testinales ont été contredites par celles de Hun ter, de Cruikshank, et surtout de Hewsson Je puis assurer n'avoir rien vu de semblable la surface des intestins grêles, à l'instant d l'absorption chyleuse; et cependant il paroî qu'une chose d'inspection peut varier. 4° Il est vrai que ces villosités intestinales sont accompagnées partout d'un réseau vasculaire, qui leur donne une couleur très-différente de la couleur des papilles cutanées; mais la non-apparence du réseau cutané ne dépend que de la pression de l'air atmosphérique, et surtout de la crispation qu'il occasione dans les petits vaisseaux (1). Voyez, en effet, le fœtus sortant du sein de sa mère: sa surface cutanée est aussi rouge que celle de ses membranes muqueuses; et si les papilles étoient un peu plus prolon-

(1) La rougeur de la peau du fœtus tient surtout à la présence et à la température du liquide de l'amnios. Quand on veut trop généraliser, il naît des obstacles difficiles à surmonter. Sans doute, il est bon et utile d'étudier les muqueuses comme une seule et même membrane étendue sur un grand nombre d'organes différens; mais dès qu'on pousse l'examen de la structure de cette membrane jusqu'à certains détails, on est arrêté par des différences très-tranchées. Dans la réalité, les membranes muqueuses diffèrent essentiellement, selon les organes et même selon les parties d'organes. La muqueuse de l'œsophage ne ressemble pour ainsi dire en rien à celle de l'estomac ou du nez. La membrane de l'intestin grêle est tout autre que celle du gros intestin ou que

gées, sa peau ressembleroit exactement à la f
interne des intestins (1). Qui ne sait, d'ailleu
que le réseau vasculaire, entourant les papi
cutanées, est rendu sensible par les injecti
fines, au point de changer entièrement la co
leur de la peau?

XLI. Que, dans l'estomac, ce réseau vasc
laire exhale le suc gastrique; que dans les
testins il s'entrelace avec l'origine des abs
bants, de manière que ceux-ci embrassent
villosités : c'est ce dont on ne peut douter d
près les expériences et les observations c

---

celle de la vessie; et ce sont précisément ces dif
rences qu'il faut remarquer, bien plus que les resse
blances, qui sont très-légères. Dans les animaux,
caractères sont encore plus opposés; la portion sp
nique de l'estomac du cheval est entièrement dif
rente de la membrane de la portion pylorique du m
me organe. Chacun des quatre estomacs des rumina
offre une disposition très-différente: ce sont donc c
dispositions particulières qu'il faut étudier si l'on ve
savoir quelles sont les fonctions de chacun de c
organes. En général, les différences sont bien pl
importantes à connaître que les analogies.

(1) Cette comparaison est évidemment forcée
inexacte.

anatomistes qui se sont occupés, dans ces derniers temps, du système lymphatique. Mais cela n'empêche pas que la base de ces villosités ne soit nerveuse, et qu'elles ne fassent sur les membranes muqueuses les mêmes fonctions que les papilles sur l'organe cutané (1). Cette manière de les envisager, en expliquant leur existence généralement observée sur toutes les surfaces muqueuses, me paroît bien plus conforme au plan de la nature, que de leur supposer en chaque endroit des fonctions diverses et souvent opposées.

XLII. Au reste, il est difficile de décider la question par l'observation oculaire. La ténuité de ces prolongements en dérobe la structure, même à nos instruments microscopiques, espèce d'agents dont la physiologie et l'anatomie ne me paroissent pas d'ailleurs avoir jamais retiré un grand secours, parce que quand on regarde dans l'obscurité, chacun voit à sa manière et suivant qu'il est affecté (2). C'est donc l'ob-

(1) Cette *base nerveuse* des papilles est une pure supposition que Bichat aurait été embarrassé de prouver par le seul genre de preuve qu'elle comporte, c'est-à-dire la dissection.

(2) Quand on fait des recherches microscopiques,

servation des propriétés vitales qui doit surto nous guider : or, il est évident qu'à en jug d'après elles, les villosités ont la nature que leur attribue. Voici une expérience qui me se à démontrer l'influence du corps papillaire su la sensibilité cutanée; elle réussit aussi sur l membranes muqueuses. On enlève l'épiderm dans une partie quelconque et on irrite le corp papillaire avec un stylet aigu : l'animal s'agit crie, et donne des marques d'une vive douleu On glisse ensuite par une petite ouverture fait à la peau un stylet pointu dans le tissu cellu laire sous-cutané, et on irrite la face intern du chorion; l'animal reste en repos, ne jett

---

on ne regarde pas dans l'obscurité. On se sert d'u instrument qu'il faut connaître à fond avant de s mettre à l'œuvre : qu'un anatomiste, sans être phy sicien, veuille employer le microscope, il sera l dupe de nombreuses illusions; et s'il a l'esprit spé culateur, il fera un système; mais qu'un esprit sage e réservé étudie avec soin le mécanisme du micros cope, et qu'ensuite il applique l'instrument à la struc ture des organes, il pourra obtenir les résultats le plus satisfaisans. Il est facile, mais peu sage, de blâ mer ce qu'on connaît peu ou point; c'est un détou de la vanité paresseuse.

aucun cri, à moins que quelques filets nerveux, heurtés par hasard, ne le fassent souffrir. Il suit de là bien évidemment que c'est à la surface externe de la peau que réside sa sensibilité, que les nerfs traversent le chorion sans concourir à sa texture, et que leur épanouissement n'a lieu qu'au corps papillaire. Il en est de même aux surfaces muqueuses.

XLIII. La longueur des papilles, leur forme même, varient dans les diverses surfaces muqueuses; leur aspect n'est point le même à l'estomac, aux intestins, à la vessie, à la vésicule du fiel, sur le gland, etc.; ce qui coïncide très-bien avec la sensibilité propre à chaque organe, sensibilité prouvée par une foule d'observations recueillies depuis Bordeu, qui le premier a fixé l'attention des physiologistes sur les modifications particulières que subit cette propriété dans les diverses parties.

XLIV. Les membranes muqueuses ont leur chorion comme la peau : il est épais au palais, aux gencives, dans la membrane pituitaire; plus mince à l'estomac, aux intestins; peu distinct à la vessie, à la vésicule du fiel, dans les conduits excréteurs. Il paroît formé de couches cellulaires condensées et fortement unies, comme à la peau. La macération développe cette texture d'une manière très-sensible. Il y a cependant cette différence, que dans l'hydropisie le chorion cutané se soulève et se résout en cellules distinctes, que remplit l'eau; au lieu que rien de semblable ne s'observe, dans la même circonstance, sur le chorion muqueux. Cette différence dans l'état morbifique en suppose-t-elle une dans la structure? Non, car la membrane synoviale est certainement de même nature que les membranes séreuses, et cependant elle ne participe point aux diathèses hydropiques qui souvent les affectent en totalité. Il seroit curieux d'exposer à l'action du tan les membranes muqueuses, pour voir si elles présenteroient les mêmes phénomènes que la peau.

§ IV. *Glandes des membranes muqueuses.*

XLV. Outre la triple couche dont nous venons de parler, les membranes muqueuses présentent encore dans leur structure une très-grande quantité de glandes et de nombreux vaisseaux sanguins. Les glandes muqueuses existent dans toutes les membranes de ce nom, situées au-dessous de leur chorion, ou même dans son épaisseur; elles versent sans cesse par des trous imperceptibles une humeur mucilagineuse, qui lubrifie leur surface libre, et la garantit de l'impression des corps avec lesquels elle est en contact, en même temps qu'elle favorise le trajet de ces corps (1).

XLVI. Ces glandes, très-apparentes aux bronches, au palais, à l'œsophage et aux intestins, où elles prennent le nom des anatomistes qui les ont décrites avec exactitude, sont moins sensibles dans la vessie, la matrice, la vésicule du fiel, les vésicules séminales, etc.; mais la mucosité qui en humecte les membranes démontre irrévocablement leur existence. En effet, puisque d'une part ce fluide est à peu près de la même nature sur toutes les surfaces muqueuses, et que, d'une autre part, dans celles où les glandes sont apparentes il est évidemment fourni par elles, il doit être séparé de

(1) Bichat ne donne aucune preuve que les glandes muqueuses soient les seuls agens sécrétoires de la mucosité; les observations directes sur la membrane muqueuse vivante montrent au contraire le mucus sortant de tous les points de la membrane. (Voyez ma *Physiologie*, Tom. II.) De même que l'épiderme, les ongles, les poils, le mucus se forme et s'accroît encore quelque temps après la mort.

même dans celles où elles sont moins sensibles. L'identité des fluides sécrétés, en effet, suppose l'identité des organes sécrétoires. Il paroît que là où ces glandes se cachent à nos yeux, la nature supplée par leur nombre à leur ténuité. Au reste, il est des animaux où, aux intestins surtout, elles forment, par leur multitude, une espèce de couche nouvelle ajoutée à celles dont nous avons parlé. Ceci est remarquable dans le palais de l'homme, dans les piliers du voile, etc.

XLVII. Il y a donc cette grande différence entre les membranes muqueuses et les séreuses, que le fluide qui lubrifie les unes est fourni par sécrétion, tandis que celui qui humecte les autres l'est par exhalation. On connoît peu la composition des fluides muqueux, parce que dans l'état naturel il est difficile de les recueillir ; et dans l'état morbifique, où leur quantité augmente, comme dans les catarrhes, par exemple, cette composition change probablement. Mais leurs fonctions dans l'économie animale ne sont pas douteuses.

XLVIII. La première de ces fonctions est de garantir les membranes muqueuses de l'impression des corps avec lesquels elles sont en contact, et qui tous, comme nous l'avons observé, sont hétérogènes à celui de l'animal. Voilà, sans doute, la raison pour laquelle les fluides muqueux sont plus abondants là où ces corps séjournent quelque temps, comme dans la vessie, à l'extrémité du rectum, etc., que là où ils ne font que passer, comme dans les uretères, et en général dans tous les conduits excréteurs. Voilà encore pourquoi, lorsque l'impression de ces corps pourroit être funeste, ces fluides se répandent en plus grande quantité sur leurs surfaces. La sonde qui pénètre l'urètre et qui y séjourne ; l'instrument qu'on laisse dans le vagin pour y serrer un polype ; celui qui, dans la même vue, reste quelque temps dans les fosses nasales ; la canule fixée dans le sac lacrymal pour le désobstruer, celle qu'on assujettit dans l'œsophage pour suppléer à la déglutition empêchée, déterminent toujours sur les portions de la surface muqueuse qui leur correspond une sécrétion plus abondante du fluide qui y est habituellement versé. C'est là une des raisons principales qui rendent difficile le séjour des sondes élastiques dans la trachée-artère. L'abondance des mucosités qui s'y séparent alors, en bouchant les trous de l'instrument, nécessite de fréquentes réintroductions, et même peuvent menacer le malade de suffocation, comme Desault lui-même l' observé, quoique cependant il ait plusieurs foi retiré de grands avantages de ce moyen.

XLIX. Il paroît donc que toute excitatio un peu vive des surfaces muqueuses détermin dans les glandes correspondantes une augmen tation remarquable d'action. Mais commen cette excitation, qui n'a pas lieu immédiate ment sur la glande, peut-elle avoir sur elle un si grande influence (1)? Car, comme nous l'a vons dit, ces glandes sont toujours sous-jacente à la membrane, et par conséquent séparées pa elle des corps qui l'irritent. Il paroît que cel tient à une modification générale de la sensi bilité glanduleuse, qui est susceptible d'êtr mise en jeu par toute irritation fixée à l'extré mité des conduits excréteurs. Les considéra tions suivantes serviront à le prouver : 1° l présence des aliments dans la bouche détermin la salive à y couler plus abondamment ; 2° l sonde fixée dans la vessie et irritant les uretère ou leur voisinage, augmente l'écoulement d

(1) Le fait dont parle ici Bichat n'étant pas exact son application n'a aucune valeur, bien que les rai sons qu'il apporte soient excellentes sous d'autre rapports.

l'urine; 3° il suffit souvent, pour faire contracter cet organe de manière à surmonter les obstacles du canal, d'introduire à moitié une bougie dans celui-ci; 4° l'irritation du gland et de l'extrémité de l'urètre détermine, dans le coït, la contraction des vésicules séminales et augmente l'action sécrétoire du testicule; 5° l'action d'un fluide irritant sur la conjonctive occasione une abondante sécrétion de larmes; 6° en faisant des expériences sur l'état des viscères gastriques pendant la digestion et pendant la faim, j'ai observé que, tant que les aliments sont seulement dans l'estomac, l'écoulement de la bile est peu considérable, mais qu'il augmente quand ils passent dans le duodénum, en sorte qu'on en trouve alors beaucoup dans cet intestin. Dans la faim, la vésicule du fiel est très-distendue; peu de bile coule dans les intestins. A la fin et même au milieu de la digestion, la vésicule contient la moitié moins de bile; cependant elle devroit d'autant plus facilement se vider dans l'abstinence, qu'alors la bile qui s'y trouve est d'un vert foncé, très-amère, très-âcre, et par conséquent très-susceptible d'irriter l'organe qui la renferme. Au contraire, dans le milieu ou à l'issue immédiate de la digestion, elle est beaucoup plus claire, plus douce, moins irritante; il faut don qu'il y ait pendant la digestion un autre sti mulus : or, ce stimulus, ce sont les aliment passant à l'extrémité du cholédoque *.

L. Concluons de ces nombreuses considéra tions, qu'un des moyens principaux qu'em ploie la nature pour augmenter l'action de glandes et pour déterminer celle de leurs con

* On a beaucoup disputé pour savoir s'il y avo une bile critique et une bile hépatique, si l'une éto d'une nature différente de l'autre, si leur quanti augmentoit ou varioit, etc. Les opinions contrair et même opposées ont été appuyées sur des exp riences nombreuses, faites sur les animaux vivant comme Haller l'a très-bien fait observer. Ces exp riences, quoiqu'au premier coup d'œil contradi toires, ne le sont pas cependant, comme j'ai eu o casion de m'en convaincre, en les répétant aux c verses époques de la digestion et pendant l'abstinen de l'animal, ce qu'on n'avoit point encore fait av précision. Voici ce que j'ai observé sur les chiens q ont servi à mes expériences.

1°. Pendant l'abstinence, l'estomac et les intesti grêles étant vides, on trouve la bile des conduits h patique et cholédoque, jaunâtre, claire; la surfa du duodénum et du jéjunum teinte par une bile q présente le même aspect; la vésicule du fiel trè

duits excréteurs, c'est l'irritation de l'extrémité de ces conduits ; et c'est à cela qu'il faut rapporter la sécrétion abondante et l'excrétion des fluides muqueux dans les cas rapportés ci-dessus. C'est encore à cette susceptibilité des glandes muqueuses pour l'irritation de l'extrémité de leurs conduits, qu'il faut attribuer les rhumes artificiels qu'on est parvenu à produire

---

distendue par une bile verdâtre, amère, d'autant plus foncée et plus abondante, que la diète a été plus longue. 2°. Pendant la digestion stomacale, qu'on peut prolonger assez long-temps en donnant au chien de gros morceaux de viande, qu'il avale sans mâcher, les choses sont à peu près dans le même état. 3°. Au commencement de la digestion intestinale, on trouve la bile du conduit hépatique toujours jaunâtre, celle du conduit cholédeque plus foncée, la vésicule moins pleine, et sa bile devenant déjà plus claire. 4°. Sur la fin de la digestion et tout de suite après, la bile des conduits hépatique, cholédoque, celle contenue dans la vésicule du fiel, celle qui se trouve répandue sur le duodénum, sont absolument de la couleur de la bile hépatique ordinaire, c'est-à-dire d'un jaune clair, peu amère. La vésicule n'est qu'à moitié pleine; elle est flasque, point contractée.

Ces observations, répétées un très-grand nombre de fois, prouvent évidemment que telle est pendant

par la respiration des vapeurs de l'acide mu riatique oxigéné; l'écoulement muqueux qu accompagne la présence d'un polype, d'un tumeur quelconque dans le vagin, de la pierr dans la vessie, etc.; la fréquence des fleur blanches dans les femmes qui font un usag immodéré du coït; l'écoulement plus abondar du mucus des narines chez les personnes qu

---

l'abstinence et la digestion la manière dont se fa l'écoulement de la bile. 1°. Il paroît que dans tou les temps le foie en sépare une quantité très sensibl quantité qui augmente cependant dans la digestion 2°. Celle qui est fournie durant l'abstinence se par tage entre l'intestin, qui s'en trouve toujours color et la vésicule, qui la retient sans en verser aucun portion par le conduit cystique, et où, ainsi retenu elle acquiert un caractère d'âcreté, une teinte for cée, nécessaire sans doute à la digestion qui va suivr 3°. Lorsque les aliments, ayant été digérés par l'est mac, passent dans le duodénum, alors toute la bil hépatique, qui auparavant se partageoit, coule dan l'intestin, et même en plus grande abondance; d'un autre part, la vésicule verse aussi celle qu'elle con tient sur la pulpe alimentaire, qui s'en trouve alo toute pénétrée. 4°. Après la digestion intestinale, l bile hépatique diminue et commence à couler e partie dans le duodénum, et à refluer en partie dan

prennent du tabac, etc. Dans tous ces cas, il y a évidemment excitation de l'extrémité des conduits muqueux.

LI. Les membranes muqueuses, par la continuelle sécrétion dont elles sont le siége, jouent encore un rôle principal dans l'économie animale. On doit les regarder comme un des grands émonctoires par lesquels s'échappent sans cesse au-dehors les résidus de la nutrition, et par

---

la vésicule, où, examinée alors, elle est claire et en petite quantité, parce qu'elle n'a encore eu le temps ni de se colorer, ni de s'amasser en abondance.

Il y a donc cette différence entre les deux biles, que l'hépatique coule d'une manière continue dans l'intestin, et que la cystique reflue, hors le temps de la digestion, dans la vésicule, et coule pendant cette fonction vers le duodénum; ou plutôt c'est toujours le même fluide, dont une partie conserve toujours le caractère qu'il a en sortant du foie; l'autre va en prendre un différent dans la vésicule. La diversité de couleur de la bile cystique, suivant qu'elle a ou non séjourné, a beaucoup d'analogie avec la couleur de l'urine, qui, plus ou moins retenue dans la vessie, se trouve plus ou moins foncée (1).

(1) Bichat parle dans cette note beaucoup trop affirmativement sur la manière dont se fait l'écoulement de la bile; au milieu d'observations justes il y a plusieurs explications hasardées.

conséquent comme un des agents principau de la décomposition habituelle, qui enlèv aux corps vivants les molécules qui, ayant cor couru pendant quelque temps à la composi tion des solides, leur sont ensuite devenus h térogènes.

LII. Remarquez en effet que tous les fluid muqueux ne pénètrent point dans la circula tion, mais qu'ils sont rejetés au-dehors; celt de la vessie, des uretères, de l'urètre, avec l'u rine; celui des vésicules séminales, des con duits déférents, avec la semence; celui des na rines par l'action de se moucher; celui de bouche, en partie par l'évaporation, en part par l'anus, avec les excréments; celui des bron ches, par l'exhalation pulmonaire, qui s'opè principalement par la dissolution dans l'air la respiration, de ce fluide muqueux (1); cel de l'œsophage, de l'estomac, des intestins,

(1) L'exhalation pulmonaire consiste principal ment dans la vaporisation de la partie aqueuse sang de l'artère pulmonaire. On peut augmenter volonté cette exhalation en rendant plus abondan la sérosité du sang. (Voyez ma *Physiologie*, Tom. II Le mucus ne pourrait point se vaporiser, si ce n'e dans la partie d'eau qui entre dans sa composition

la vésicule, du fiel, etc., avec les excréments, dont ils forment souvent, dans l'état ordinaire, une partie presque aussi considérable que le résidu des aliments, et même qu'ils composent presque en entier dans certaines dyssenteries, dans certaines fièvres, où la quantité de matières rendues est évidemment disproportionnée avec celle que l'on prend, etc. Observons à ce sujet qu'il y a toujours quelques erreurs dans l'analyse des fluides en contact avec les membranes dont nous parlons, comme l'urine, la bile, le suc gastrique, etc., parce qu'il est très-difficile, impossible même, d'en séparer les fluides muqueux.

LIII. Si l'on se rappelle ce qui a été dit précédemment sur l'étendue des deux surfaces muqueuses générales, égales et même supérieures à l'étendue de l'organe cutané; si l'on se représente ensuite ces deux grandes surfaces rejetant sans cesse au-dehors les fluides muqueux, on verra de quelle importance doit être, dans l'économie, cette évacuation, et de quels dérangements sa lésion peut devenir la source. C'est sans doute à cette loi de la nature, qui veut que tout fluide muqueux soit rejeté au-dehors, qu'il faut attribuer dans le fœtus la présence du fluide onctueux dont est

4

pleine la vésicule du fiel, le méconium engorgeant ses intestins, etc., espèces de fluides qu ne paroissent être qu'un amas de sucs muqueux, qui, ne pouvant s'évacuer, séjournent jusqu'à la naissance, sur les organes respectif où ils ont été sécrétés (1).

LIV. Ce ne sont pas seulement les fluide muqueux qui sont rejetés au-dehors, et serven ainsi d'émonctoires à l'économie; presque tou les fluides, séparés de la masse du sang pa voie de sécrétion, se trouvent dans ce cas: cel est évident pour la partie la plus considérabl de la bile; vraisemblablement que la salive, l suc pancréatique et les larmes sont aussi rejeté avec les excréments, et que leur couleur seul les empêche d'y être distingués comme la bile Je ne sais même si, en réfléchissant à une foul de phénomènes, on ne seroit pas tenté d'établi en principe général que tout fluide séparé pa sécrétion ne rentre point dans la circulation

(1) Ici Bichat ne s'aperçoit pas que ses expres sions ne rendent pas ses idées. Un fluide *onctueu* ne peut être un amas de fluide *muqueux;* le méco nium est le résidu de la digestion qui s'opère dar l'estomac et les intestins du fœtus; cette matière r peut être non plus un amas de mucus.

que ce phénomène n'appartient qu'aux fluides séparés par exhalation, comme ceux des cavités séreuses, des articulations, du tissu cellulaire, de l'organe médullaire, etc.; que tous les fluides sont ainsi excrémentiels ou récrémentiels, et qu'aucun n'est excrément récrémentiel, comme l'indique la division vulgaire *.

LV. Ce qu'il y a de sûr au moins, c'est que je n'ai pu parvenir à faire absorber par les lymphatiques la bile et la salive, en les injectant dans le tissu cellulaire d'un animal; elles y ont constamment donné lieu à une inflammation et ensuite à un dépôt (1). 2°. On sait que l'urine in-

---

* La bile dans la vésicule, l'urine dans la vessie, la semence dans les vésicules séminales, sont certainement absorbées; mais ce n'est pas le fluide lui-même qui rentre en circulation : ce sont ses parties les plus ténues, quelques-uns de ses principes que nous ne connoissons pas bien, vraisemblablement la partie aqueuse, lymphatique; cela ne ressemble point à l'absorption de la plèvre et autres membranes analogues, où le fluide rentre dans le sang tel qu'il en est sorti.

(1) Il est vrai que souvent l'injection de la bile ou d'autre liquide, même de l'eau, peut donner lieu à des inflammations du tissu cellulaire; mais cela

filtrée ne s'absorbe pas non plus et frappe
mort tout ce qu'elle touche, tandis que les
filtrations de lymphe, de sang, se résolvent
cilement. 3°. Il y a une différence essenti
entre le sang et les fluides sécrétés, sous le r
port de la décomposition. Au contraire, s
ce rapport, les fluides exhalés s'en rapproch
beaucoup, comme la sérosité, etc. Mais c
discussion nous entraîneroit au-delà des b
nes que nous devons ici nous prescrire; j'y
viendrai dans un autre ouvrage.

§ VI. *Système vasculaire des membranes muqueuses.*

LVI. Les membranes muqueuses reçoiv
un très-grand nombre de vaisseaux. La ro
geur remarquable qui les distingue suffir
pour nous le prouver, quoique les injectio
ne le démontreroient pas. Cette rougeur n'
pas partout uniforme; moindre dans la vess
les gros intestins, les sinus de la face, elle
très-marquée à l'estomac, aux intestins grêl
au vagin, etc. Elle dépend d'un réseau vasc

---

n'empêche pas qu'ils ne soient très-prompteme
absorbés, comme des centaines d'expériences r
l'ont démontré.

laire extrêmement multiplié, dont les branches, après avoir traversé le chorion et s'y être ramifiées, viennent s'épanouir en se divisant à l'infini sur sa surface, y embrassant le corps capillaire, et se trouvant recouvertes seulement par l'épiderme.

LVII. C'est la position superficielle de ces vaisseaux qui les expose fréquemment aux hémorragies, comme on le remarque principalement aux narines, comme on le voit dans l'hémoptysie, dans l'hématémèse ou vomissement de sang, dans l'hématurie ou hémorragie des voies urinaires, dans certaines dysenteries où le sang s'échappe des paroies intestinales, dans les hémorragies utérines, etc.; en sorte que les hémorragies spontanées, indépendantes de toute violence externe portée sur les vaisseaux ouverts, paroissent être une affection spéciale des membranes muqueuses; qu'il est rare de les observer ailleurs que dans ces organes, et qu'elles forment au moins un des grands caractères qui les distinguent de toutes les autres membranes (1).

---

(1) Il n'est pas très-rare de voir de pareilles hémorragies à la peau, à la surface du cerveau; et l'utérus en offre un exemple régulier aux époques

LVIII. C'est aussi la position superficielle d système vasculaire des membranes muqueuses qui fait que leurs portions visibles, comme le rc bord rouge des lèvres, le gland, etc., serven souvent à nous indiquer l'état de la circulation Ainsi dans les diverses espèces d'asphyxie, dan la submersion, la strangulation, etc., ces par ties présentent une lividité remarquable, effe de la gêne qu'éprouve le sang veineux à tra verser le poumon, et de son reflux vers les sur faces, où le système des veines naît de celui de artères.

LIX. J'ai déjà fait observer que dans le fœ tus et l'enfant nouveau-né le système vasculai re étoit aussi manifeste dans l'organe cutan que dans les membranes muqueuses; que l rougeur y étoit la même : elle s'y trouve mêm encore plus marquée dans les premiers temp de la conception; mais, bientôt après la nais sance, toute la rougeur de la peau semble s concentrer sur les membranes muqueuses qui, auparavant inactives, n'avoient pas besoir d'une circulation aussi prononcée, mais qui

---

menstruelles, bien qu'il soit prouvé aujourd'hui que la cavité de l'utérus ne soit pas tapissée par une membrane muqueuse.

devenant tout à coup le siége principal où se passent les phénomènes de la digestion, de l'excrétion de la bile, de l'urine, de la salive, etc., doivent recevoir une quantité plus grande de sang. Au reste, l'exposition long-temps continuée des membranes muqueuses à l'air leur fait perdre souvent cette rougeur qui les caractérise, et elles prennent alors l'aspect de la peau, comme l'a très-bien observé M. Sabattier, en traitant des chutes de la matrice et du vagin, qui, par cette circonstance, en ont imposé quelquefois et fait croire à un hermaphrodisme.

LX. Il se présente une question importante dans l'histoire du système vasculaire des membranes muqueuses, celle de savoir si ce système admet plus ou moins de sang, suivant diverses circonstances. Comme les organes au-dedans desquels se déploient ces sortes de membranes sont presque tous susceptibles de contraction et de dilatation, ainsi qu'on le voit à l'estomac, aux intestins, à la vessie, etc., on a cru que pendant la dilatation les vaisseaux, mieux déployés, recevoient plus de sang, et que durant la contraction, au contraire, repliés sur eux-mêmes, étranglés pour ainsi dire, ils n'admettoient qu'une petite quantité de ce fluide, lequel reflue alors dans les organes vo sins. M. Chaussier a fait une application de ce principes à l'estomac, dont il a considéré l circulation comme étant alternativement in verse de celle de l'épiploon, lequel reçoit pen dant la vacuité de cet organe le sang que celu ci, lorsqu'il est contracté, ne peut admettre On a aussi attribué à la rate un usage analo gue, depuis Lieutaud. Voici ce que l'inspec tion des animaux ouverts pendant l'abstinenc et aux diverses époques de la digestion m' montré à cet égard.

LXI. 1°. Pendant la plénitude de l'estomac les vaisseaux sont plus apparents à l'extérieur d ce viscère que pendant la vacuité; au-dedans la surface muqueuse n'est pas plus rouge, ell m'a paru même quelquefois l'être moins. 2°. L'é piploon, moins étendu pendant la plénitude d l'estomac, présente à peu près le même nom bre de vaisseaux apparents, aussi longs, mai plus ployés sur eux-mêmes que dans la vacui té *. S'ils sont alors moins gorgés de sang, l

---

* Ceci est une conséquence nécessaire de la dis position du système vasculaire de l'estomac. En effet la grande coronaire stomachique étant transversale ment située entre lui et l'épiploon, et fournissant de

différence n'est que très-peu sensible. J'observe, à cet égard, qu'il faut, pour bien distinguer ceci, prendre garde qu'en ouvrant l'animal le sang ne tombe sur l'épiploon qui se présente, et n'empêche ainsi de distinguer l'état où il se trouve. 3°. Je puis assurer qu'il n'y a pas de rapport tellement constant entre le volume de la rate et la vacuité ou la plénitude de l'estomac, que ces deux circonstances coïncident d'une manière nécessaire; et que si le premier organe augmente et diminue dans diverses circonstances, ce n'est point toujours précisément en sens inverse de l'estomac (1). J'avois d'a-

---

branches à l'un et à l'autre, il est évident que lorsque l'estomac se loge, en les écartant, entre les lames de l'épiploon, et que celui-ci, en s'appliquant sur lui, devient plus court; il est, dis-je, évident que les branches qu'il reçoit de la coronaire ne peuvent également s'y appliquer aussi. Pour cela, il faudroit qu'elles se portassent de l'un à l'autre sans le tronc intermédiaire qui les coupe à angle droit : alors, en se distendant, l'estomac les écarteroit comme l'épiploon, et se logeroit entre elles; au lieu qu'il les pousse devant lui avec leur tronc commun, la coronaire, et les fait plisser.

(1) Le volume de la rate varie suivant une multitude de circonstances, et principalement suivant la

bord fait, comme Lieutaud, des expériences sur des chiens pour m'en assurer; mais l'inégalité de grosseur, d'âge de ceux qu'on m'apportoit, me faisant craindre de n'avoir bien pu comparer leur rate, je les ai répétées sur des cochons d'Inde, de la même portée, de la même grosseur, et examinés en même temps, les uns pendant que l'estomac étoit vide, les autres pendant sa plénitude. J'ai presque toujours trouvé le volume de la rate à peu près égal, ou du moins la différence n'étoit pas très-sensible. Cependant, dans d'autres expériences, j'ai vu se manifester, en diverses circonstances, des inégalités dans le volume de la rate et surtout

---

quantité du sang que contiennent les vaisseaux sanguins. On peut faire varier ce volume du simple au double en augmentant artificiellement le volume du sang. Si on ouvre l'abdomen d'un animal vivant et qu'on prenne les dimensions de la rate avec un compas, et qu'ensuite on injecte une certaine quantité d'eau dans les veines, on voit les dimensions de la rate s'accroître graduellement. Une autre cause influe aussi sur le volume de cet organe; c'est une contraction très-évidente qu'éprouve la rate particulièrement sous l'influence de certaines substances, telles que la noix vomique, le camphre, etc., et par l'effet du contact de l'air.

dans la pesanteur de ce viscère, mais c'étoit indifféremment pendant ou après la digestion. Il paroît, d'après tout ceci, que si pendant la vacuité de l'estomac il y a un reflux de sang vers l'épiploon et la rate, ce reflux est moindre qu'on ne le dit communément. D'ailleurs, pendant cet état de vacuité, les replis nombreux de la membrane muqueuse de ce viscère lui laissant, comme nous l'avons dit plus haut, presque autant de surface et par conséquent de vaisseaux que pendant la plénitude, le sang doit y circuler presque aussi librement. Il n'a alors d'obstacles réels que dans les tortuosités, et non dans le resserrement, la constriction, l'étranglement de ces vaisseaux par la contraction de l'estomac : or, cet obstacle est facilement surmonté.

LXII. Quant aux autres organes creux, il est difficile d'examiner la circulation des organes voisins pendant leur plénitude et leur vacuité, attendu que les vaisseaux de ceux-ci ne sont point superficiels comme dans l'épiploon, ou qu'eux-mêmes ne se trouvent pas isolés comme la rate. On ne peut donc, pour décider la question, que voir l'état des membranes muqueuses à leur face interne : or, cette face m'a toujours paru aussi rouge pendant la contraction que pendant la dilatation. Au reste, je ne donne ceci que comme un fait, sans prétendre en tirer aucune conséquence opposée à l'opinion commune. Il est possible en effet que quoique la quantité de sang soit toujours à peu près la même, la rapidité de la circulation augmente, et que par conséquent, dans un temps donné, plus de ce fluide y aborde pendant la plénitude; ce qui paroît nécessaire à la sécrétion, plus grande alors, des fluides muqueux.

§ VI. *Variétés d'organisation des membranes muqueuses dans diverses régions.*

LXIII. L'assemblage de l'épiderme, du corps papillaire, du chorion, des glandes et des vaisseaux, constitue, dans les membranes muqueuses, leur intime organisation, qui présente de très-grandes variétés dans les diverses régions où on les examine. Je n'indiquerai que les principales de ces variétés; car en aucun endroit ces membranes ne présentent le même aspect, et pour décrire toutes leurs différences, il faudroit toutes les examiner.

LXIV. Une de ces variétés, c'est celle qu'offre l'aspect des membranes muqueuses à leur origine, mises en parallèle avec celui sous lequel elles se présentent dans la profondeur des organes. Comparez, par exemple, la surface du gland, du bord libre de la face interne des lèvres, des gencives, de la face interne des paupières, du commencement de l'urètre, de l'anus, de la vulve, etc., avec une portion quelconque de la surface de l'estomac, des intestins, etc. : vous verrez, d'un côté, le corps papillaire peu prononcé, n'offrant point la forme villeuse, l'épiderme épais, très-distinct et facile à s'enlever, le chorion très-caractérisé, les vaisseaux un peu moins superficiels, les glandes muqueuses très-multipliées, très-grosses surtout à la bouche; de l'autre côté, vous rencontrerez des caractères presque opposés. On diroit qu'à leur origine les membranes muqueuses ont une structure moyenne entre celle de la peau et celle de leur portion profonde.

LXV. Une autre variété de structure non moins frappante, c'est celle qui se rencontre dans la portion de surface muqueuse qui tapisse les sinus. Presque plus de rougeur, ténuité extrême, impossibilité de distinguer les trois couches dont nous avons parlé, point de glandes muqueuses sensibles, quoiqu'il y ait une sécrétion remarquable de mucosités : voilà les caractères de ces prolongements de la pituitaire, que l'on considère comme propres à augmenter l'odorat, mais qui ne remplissent pas cette fonction dans le sens où on l'entend communément. En effet, à l'instant où une odeur pénètre dans le nez, ayant l'air pour véhicule, elle ne peut tout à coup s'introduire dans les sinus, vu l'extrême rétrécissement des ouvertures par lesquelles ces cavités communiquent dans les narines ; mais peu à peu elle y pénètre, imprègne tout l'air qui y est contenu, et ne pouvant que difficilement en ressortir, par la même raison qu'elle y est difficilement arrivée, elle prolonge le sentiment, qui s'évanouit bientôt, sur la membrane pituitaire elle-même par le renouvellement de l'air. Ainsi la pituitaire est donc destinée à recevoir l'impression des odeurs, et ses prolongements dans les sinus à les retenir.

LXVI. Je remarque à l'égard de la structure particulière de la portion de membrane muqueuse qui tapisse les sinus, que celle du prolongement qui se déploie dans l'oreille interne est absolument la même, à la différence près d'une finesse encore plus marquée dans le tissu. Tous les anatomistes appellent cette membrane le *périoste* de la caisse de l'oreille interne. Les considérations suivantes prouvent que ce n'est point une membrane fibreuse analogue à celle qui enveloppe les os, mais une couche muqueuse semblable à celle des sinus. 1° On la voit évidemment se continuer avec la membrane pituitaire, au moyen du prolongement de la trompe d'Eustache. 2° On la trouve habituellement humide d'un fluide muqueux, que ce canal sert à transmettre au-dehors, caractère étranger aux membranes fibreuses, toujours inhérentes par leurs deux faces. 3° Aucune fibre ne peut y être distinguée. 4° Son apparence fongueuse, quoique blanchâtre; sa mollesse, la facilité avec laquelle elle cède au moindre agent dirigé sur elle pour la déchirer, sont un caractère que n'offre en aucun endroit le périoste.

LXVII. Je passe sur les autres différences de structure des membranes muqueuses dans leurs différentes régions, différences très-réelles partout; j'observe seulement, 1° que ces variétés les distinguent des membranes séreuses, dont l'aspect est partout le même, comme on peut le voir en comparant ensemble le péricarde, le péritoine, etc.; 2° que cette variété coïncide, comme déjà je l'ai fait observer, avec les différences qu'on observe dans la sensibilité de diverses portions de ces membranes : ainsi l'émétique est un irritant pour l'estomac, et nc pour la conjonctive; la pituitaire perçoit e: clusivement les odeurs; la surface muqueu de la langue, les saveurs, etc., etc. Au contra re, le contact de tous les corps sur les mer branes séreuses mises à nu produit des phén mènes exactement analogues, comme nous verrons.

§ VIII. *Forces vitales des membranes muqueuse*

LXVIII. La sensibilité des membranes mu queuses est un des grands caractères qui l distinguent des autres organes analogues. Cet force inhérente aux corps organiques, vari ble dans chaque partie, prompte à se dévelo per dans les unes sous l'influence du moind excitant, difficile à être mise en jeu dans les a tres, présente dans toutes, susceptible de pa ser, par l'inflammation, de l'état le plus ob cur au dernier degré d'intensité, cette force e remarquable ici par des caractères très-anal gues à ceux qu'elle présente dans la surfa cutanée, avec laquelle la surface muqueuse comme nous l'avons dit, de grands traits ressemblance du côté de la structure. C'est cette analogie de sensibilité qu'il faut rappo ter une foule de phénomènes qui se déploie alternativement et dans un ordre inverse sur l'une et sur l'autre surface. Je vais successivement indiquer quelques-uns de ces phénomènes.

LXIX. 1°. Lorsque la température de l'air ambiant engourdit la sensibilité de l'organe cutané en resserrant son tissu, la sensibilité de la surface muqueuse reçoit un accroissement d'énergie remarquable. Voilà pourquoi, dans l'hiver, dans les climats froids, etc., où les fonctions de la peau sont singulièrement bornées, toutes celles des membranes muqueuses s'agrandissent en proportion : de là une exhalation pulmonaire plus marquée, les sécrétions internes plus abondantes, la digestion plus active, plus prompte à s'opérer, par conséquent l'appétit plus facile à être excité. 2° Lorsqu'au contraire la chaleur du climat, de la saison, etc., vient à relâcher, à épanouir la surface cutanée, on diroit que la surface muqueuse se resserre en proportion : en été, dans le Midi, etc., diminution des sécrétions internes, de celle de l'urine, par exemple; lenteur des phénomènes digestifs, par le défaut d'action de l'estomac et des intestins; appétit tardif à revenir, etc. 3° La suppression subite des fonctions de l'organe cutané détermine

souvent un accroissement maladif dans c
de l'organe muqueux. L'air froid, qui ar
la transpiration, produit fréquemment
rhumes, des catarrhes; espèce d'affection
caractérisent surtout la sensibilité et l'act
augmentées des glandes muqueuses. 4° D
diverses affections des membranes muqu
ses, les bains, qui relâchent, épanouissen
peau, produisent d'heureux effets.

LXX. Les considérations précédentes
blissent évidemment l'influence des forces
tales de la peau sur celles des membranes n
queuses; d'autres, non moins importantes,
montrent la dépendance réciproque où la p
se trouve des forces vitales des mêmes me
branes. 1° Pendant la digestion, où les s
muqueux pleuvent de toute part et en ab
dance dans l'estomac et les intestins, où
membranes muqueuses des viscères gastriq
sont par conséquent dans une grande actic
l'humeur de l'insensible transpiration dimir
notablement, selon l'observation de Sanctori
elle est en très-petite quantité trois heu
après le repas : en sorte que l'action de l'
gane cutané est visiblement moins énergiqu
2° Pendant le sommeil, où toutes les fonctic
internes deviennent plus marquées, s'exéc

tent dans leur plénitude, où la sensibilité des membranes muqueuses est par conséquent très-caractérisée, la peau semble être frappée d'une débilité manifeste, débilité qu'indique le froid dont elle est saisie lorsque l'animal reste à découvert, comme, pendant la veille, son défaut de susceptibilité pour les divers excitants, etc., etc.

LXXI. Comme celle de l'organe cutané, la sensibilité des membranes muqueuses est essentiellement soumise à l'immense influence de l'habitude, qui, tendant sans cesse à émousser la vivacité du sentiment, dont elles sont le siége, ramène également à l'indifférence la douleur et le plaisir qu'elles nous font éprouver, et dont elle est, comme on sait, le terme moyen.

LXXII. Je dis premièrement que l'habitude ramène à l'indifférence les sensations douloureuses nées sur les membranes muqueuses. La présence de la sonde qui pénètre l'urètre pour la première fois, est cruelle le premier jour, pénible le second, incommode le troisième, insensible le quatrième ; les pessaires introduits dans le vagin, les tampons fixés dans le rectum, les tentes assujetties dans les fosses nasales, la canule placée à demeure dans le canal nasal, présentent à divers degrés les mêmes phéno-

mènes. C'est sur cette remarque qu'est fo
la possibilité de l'introduction des sondes
la trachée-artère, pour suppléer à la res
tion; dans l'œsophage, pour produire un
glutition artificielle. Cette loi de l'habitude
même aller jusqu'à transformer en plaisi
impression d'abord pénible: l'usage du t
pour la membrane pituitaire, de divers alin
pour la palatine, en fournissent de not
exemples (1).

LXXIII. Je dis, en second lieu, que l'h
tude ramène à l'indifférence les sensat
agréables nées sur les surfaces muqueuses
parfumeur placé dans une atmosphère odo
te; le cuisinier, dont le palais est sans cesse a
té de délicieuses saveurs, ne trouvent point
leurs professions les vives jouissances qu'
préparent aux autres. De l'habitude peut m
naître la succession du plaisir à de péni
sensations; comme dans le cas précédent
ramène la peine au plaisir. J'observe au r
que cette influence remarquable de l'habit

(1) Cette règle souffre de nombreuses excepti
Combien ne connaît-on pas d'exemples de sem
bles contacts, d'abord presque insensibles, et
sont devenus insupportables en se répétant!

ne s'exerce que sur les sensations produites par le simple contact, et non sur celles que donne la lésion réelle des membranes muqueuses; aussi n'adoucit-elle pas les douleurs causées sur la vessie par la pression et même le déchirement que produit la pierre; sur la surface de la matrice par un polype, etc.

LXXIV. C'est à ce pouvoir de l'habitude sur les forces vitales des membranes muqueuses, qu'il faut en partie rapporter la diminution graduelle de leurs fonctions qui accompagne l'âge. Tout est excitant pour l'enfant, tout s'émousse chez le vieillard. Dans l'un, la sensibilité très-active des surfaces muqueuses alimentaires, biliaires, urinaires, salivaires, etc., concourt principalement à produire cette rapidité avec laquelle se succèdent les phénomènes digestif et sécrétoire; dans l'autre, cette sensibilité, émoussée par l'habitude du contact, n'enchaîne qu'avec lenteur les mêmes phénomènes.

LXXV. N'est-ce point de la même cause que dépend cette remarquable modification de la sensibilité des surfaces muqueuses; savoir, qu'à leur origine, comme sur la pituitaire, la palatine, le gland, l'ouverture du rectum, etc., elles nous donnent la sensation des corps avec

lesquels elles sont en contact, et qu'elles r
procurent point cette sensation dans les or
ganes profonds qu'elles tapissent, comme l
intestins, etc.? Dans la profondeur des orga
nes, ce contact est toujours uniforme: la vess
ne connoît que le contact de l'urine; la v
sicule, que celui de la bile; l'estomac, qu
celui des aliments mâchés et réduits, quel
que soit leur diversité, à une pâte pulpeu
analogue. Cette uniformité de sensation en
traîne la nullité de perception, parce qu
pour percevoir il faut comparer, et qu'i
deux termes de comparaison manquent. Aus
le fœtus n'a-t-il pas la sensation des eaux d
l'amnios; aussi l'air, très-irritant d'abord pou
le nouveau-né, finit-il par ne pas lui être sen
sible. Au contraire, au commencement d
membranes muqueuses, les excitants varient
chaque instant; l'âme peut donc en percevo
la présence, parce qu'elle peut établir d
rapprochements entre leurs divers modes d'a
tion. Ce que je dis est si vrai, que si, dans
profondeur des organes, les membranes mu
queuses sont en contact avec un corps étra
ger et différent de celui qui leur est habitue
elles en transmettent la sensation à l'âm
L'algalie dans la vessie, les sondes qu'on e

fonce dans l'estomac, etc., en sont un exemple. L'air frais, qui, dans une grande chaleur de l'atmosphère, est tout-à-coup introduit dans la trachée-artère, promène sur toute la surface des bronches une agréable sensation; mais bientôt l'habitude nous y rend insensibles, et nous cessons d'en avoir la perception.

LXXVI. Il est très-difficile d'indiquer exactement le caractère des forces toniques des membranes muqueuses (1), parce que, étant unies presque partout à une couche musculeuse, on ne peut guère distinguer ce qui appartient à la tonicité de l'une, de ce qui dépend de l'irritabilité de l'autre: ou bien, si les membranes muqueuses sont isolées, comme

(1) Cette force tonique de Bichat exprime des phénomènes de nature très-différente, tels que la *simple élasticité* des canaux qui reviennent sur eux-mêmes après avoir été distendus; la *propriété de se resserrer par la diminution de la masse des parois;* la *contractilité musculaire,* comme il arrive à l'urètre qui comprime la sonde par les contractions des releveurs de l'anus, ou par la contraction de la portion dite membraneuse, bien qu'elle soit réellement musculeuse, d'après les dernières recherches de M. Amussat.

aux narines, leur adhérence rend très-obscur les phénomènes de leurs forces toniques. Cependant l'action des conduits excréteurs su leurs fluides respectifs ; celle de la vésicule di fiel, des vésicules séminales, qui sont dépour vues d'accessoires musculeux ; la contractio quelquefois spasmodique de l'urètre sur l sonde qui le pénètre, ne laissent pas de dout sur l'énergie de cette force tonique, semblabl sans doute, dans ses diverses modifications, celle qu'on observe dans l'organe cutané.

§ VIII. *Sympathie des membranes muqueuses.*

LXXVII. Je rapporte à trois classes générale les sympathies des membranes muqueuses comme celles de la plupart des autres organe Dans la première classe se rangent les sym pathies dans lesquelles l'irritation d'une part quelconque de la surface muqueuse détermir dans une autre partie l'exercice de la sensib lité. Une pierre dans la vessie occasione u douleur au bout du gland ; les vers des inte tins excitent une démangeaison du nez. Why a vu un corps étranger introduit dans l'oreil affecter douloureusement tout le côté corre pondant de la tête ; un ulcère de la vessie d terminer, chaque fois que le malade urinoit, une douleur à la partie supérieure des cuisses, etc., etc.

LXXVIII. Je rapporte à la seconde classe les sympathies où l'irritation d'un point quelconque de la surface muqueuse détermine dans un autre l'exercice de l'irritabilité: ainsi une impression trop vive sur la pituitaire fait éternuer; l'irritation des bronches fait tousser; les calculs biliaires déterminent des vomissements spasmodiques, les pierres urinaires causent la rétraction du testicule à l'anneau, etc., etc. Dans tous ces cas il y a contraction des muscles, déterminée par l'irritation des surfaces muqueuses, loin de l'endroit où arrive cette contraction.

LXXIX. La dernière classe des sympathies des membranes muqueuses renferme celle où l'irritation d'un point quelconque de leur étendue détermine ailleurs l'exercice de la tonicité. C'est ici qu'il faut rapporter ce que nous avons dit plus haut sur l'action glanduleuse, augmentée par l'irritation de l'extrémité des conduits excréteurs. Ainsi il est évident que l'augmentation des forces toniques de la parotide pour séparer la salive, de son conduit excréteur pour la transmettre lorsque l'ex-

trémité de ce conduit est irritée par les al
ments, les médicaments siliagogues, etc...;
est, dis-je, évident que cette augmentation e
un phénomène purement sympathique. O
pourroit caractériser chacune de ces trois cla
ses de sympathies par le nom de la force vita
qu'elle met en jeu, en appelant la premièr
sympathie de sensibilité; la seconde, *sympath*
d'irritabilité; la troisième, *sympathie de tonicit*

LXXX. Cette manière de classer les symp
thies, entièrement empruntée de l'état d
forces vitales, dont elles ne sont que d
modifications irrégulières, que des aberr
tions encore inconnues dans leur nature
me paroît préférable à celle de Whytt, qui su
tout simplement l'ordre des régions, et mêm
à celle de Barthez, qui, plus méthodique e
ce qu'il les examine successivement dans l
organes liés par systèmes, dans ceux qui so
isolés, dans ceux situés dans les moitiés sym
triques du corps, est cependant sujette, comm
je le démontrerai ailleurs, à de très-grav
inconvénients.

§ IX. *Fonctions des membranes muqueuses.*

LXXXI. J'ai déjà examiné plusieurs fonc
tions des membranes muqueuses, je les

considérées, 1° comme un des grands émonctoires de l'économie animale; 2° comme remplissant à l'égard des corps hétérogènes qui existent au-dedans de nos organes les mêmes fonctions que la peau à l'égard des corps extérieurs qui l'environnent; 3° comme facilitant le trajet de ces corps hétérogènes par le fluide muqueux qui les lubrifie. Il me reste à examiner trois questions très-agitées dans ces derniers temps: celles de savoir, 1° si les membranes muqueuses influent sur la rougeur du sang; 2° s'il s'y fait une exhalation; 3° si les absorbants en naissent, si l'absorption s'y observe par conséquent (1).

LXXXII. La rougeur remarquable de ces membranes; l'analogie de la respiration, où

---

(1) Les trois questions que Bichat va traiter ne seraient plus agitées aujourd'hui; la coloration du sang à travers les membranes est un phénomène physico-chimique qui peut avoir lieu partout, plus ou moins complètement, suivant l'épaisseur et la porosité des membranes. L'exhalation se voit aussi partout où il y a circulation; et quant à l'origine des absorbans et à la faculté d'absorption, on n'en peut douter, puisque les membranes muqueuses offrent des veines et des vaisseaux lymphatiques.

le sang se colore à travers la surface muqueus des bronches; l'expérience connue d'une vessi pleine de sang, et plongée dans l'oxygène, o le fluide se colore aussi, ont fait penser qu le sang n'étant séparé de l'air atmosphériqu que par une mince pellicule sur certaines sur faces muqueuses, comme sur la pituitaire, su la palatine, sur le gland, etc., y prenoit auss une couleur plus rouge, soit en s'y débar rassant d'une portion de gaz acide carbonique soit en s'y combinant avec l'oxygène de l'air et que ces membranes remplissoient ainsi de fonctions accessoires à celles des poumons Les expériences de Jurine sur l'organe cuta né, expériences adoptées par plusieurs phy siciens célèbres, semblent ajouter encore à l réalité de ce soupçon.

LXXXIII. Voici l'expérience que j'ai tenté pour m'assurer de ce fait. J'ai retiré par un plaie faite au bas-ventre une portion d'intes tin que j'ai liée dans un point; je l'ai réduit ensuite, en gardant au-dehors une anse. qu a été ouverte et par où j'ai introduit de l'ai atmosphérique, qui a rempli toute la por tion située en deçà de la ligature. J'ai lié en suite l'intestin au-dessous de l'ouverture, et l tout a été réduit. Au bout d'une heure, l'ani mal ayant été ouvert, j'ai comparé le sang des veines mésentériques qui naissoient de la portion d'intestin distendue par l'air, avec le sang des autres veines mésentériques tirant leur origine du reste du conduit. Aucune différence de couleur ne s'est manifestée; la surface interne de la portion d'intestin distendue n'étoit pas d'un rouge plus brillant. J'ai cru obtenir un effet plus marqué en répétant avec l'oxygène la même expérience sur un autre animal; mais je n'ai aperçu non plus aucune variété dans la coloration du sang. Comme sur les membranes muqueuses, qui sont ordinairement en contact avec l'air, ce fluide se renouvelle sans cesse, est agité d'un perpétuel mouvement, et que dans l'expérience précédente il étoit resté stagnant, j'ai essayé de produire le même effet dans les intestins. J'ai fait deux ouvertures à l'abdomen, tiré par chacune une portion de tube intestinal, ouvert ces deux portions, adapté à l'une le tube d'une vessie pleine d'oxygène, à l'autre celui d'une vessie vide; j'ai comprimé ensuite la vessie pleine, de manière à faire passer l'oxygène dans l'autre, en traversant l'anse d'intestin restée dans le bas-ventre, afin que la chaleur y entretînt la circulation. L'oxygène a été ainsi plusieurs fois renvoyé de l'une à l'autı vessie, en formant un courant dans l'intes tin; ce qui, vu sa contractilité, est plus diffici qu'il ne le semble d'abord. Le bas-ventre ayaı été ouvert ensuite, je n'ai trouvé aucune diffé rence entre le sang veineux revenant de cett portion d'intestin, et celui qui s'écouloit de autres. La position superficielle des veines mé sentériques que recouvre seulement une lam mince et transparente du péritoine; leur volı me, pour peu que l'animal soit gros, rendeı très-faciles ces sortes de comparaisons.

LXXXIV. Je sens qu'on ne peut conclure d ce qui arrive aux intestins à ce qui survieı dans la membrane pituitaire, dans la palatine etc., parce que, quoique analogue, l'organisa tion peut être différente. On ne peut ici, comm aux intestins, examiner le sang veineux reve nant de la partie; mais, 1° si l'on considèı que dans les animaux qui ont respiré pendaı quelque temps l'oxygène, on ne voit point qu la membrane palatine pituitaire soit plus rouge 2° si l'on réfléchit que la lividité des diverse parties de cette membrane dans ceux asphyxié par le gaz acide carbonique dépend, non d contact immédiat de ce gaz sur la membrane mais du reflux vers les extrémités du sang vei neux, qui ne peut traverser le cœur, comme l'a démontré Godwin pour la submersion, et comme il arrive dans tous les cas où le sang a éprouvé avant la mort de grandes difficultés à traverser le poumon; 3° si l'on remarque enfin que dans ces circonstances, le contact de l'air ne change point, après la mort, la lividité que donne le sang veineux aux membranes muqueuses, quoique la peau soit alors bien plus facilement perméable à toute espèce de fluide aériforme, on verra qu'il faut au moins suspendre son jugement sur la coloration du sang à travers les membranes muqueuses, jusqu'à ce que des observations ultérieures aient décidé la question.

LXXXV. Voici une autre expérience qui peut jeter encore quelque jour sur ce point. J'ai gonflé la cavité péritonéale de divers cochons d'Inde avec du gaz acide carbonique, de l'hydrogène, de l'oxygène, et avec de l'air atmosphérique, pour voir si j'obtiendrois à travers une membrane séreuse ce à quoi je n'avois pu réussir dans une muqueuse: je n'ai, à la suite de ces expériences, trouvé aucune différence dans la couleur du sang du système abdominal; il étoit le même que dans un cochon d'Inde ordinaire, que je tuois toujours pour la comparaison (1

LXXXVI. Je crois cependant avoir rema qué plusieurs fois, soit sur des grenouille soit sur des animaux à sang rouge et chau tels que des chats et des cochons d'Inde, q l'infiltration de l'oxygène dans le tissu ce lulaire donne, au bout d'un certain temp une couleur beaucoup plus vive au sang q celle que présente ce fluide dans les emph sèmes artificiels, produits par les gaz acid carbonique, hydrogène, et par l'air atmo phérique; circonstances dans lesquelles la ro geur du sang ne diffère guère de celle q est naturelle. Mais, dans d'autres cas, l'ox gène n'a eu aucune influence sur la color tion du sang; en sorte que, malgré que bea coup d'expériences aient été répétées sur point, je ne puis indiquer aucun résultat g néral. Il paroît que les forces toniques d tissu cellulaire et des parois des vaisseaux q

(1) Le phénomène que n'a pas pu voir Bichat e cependant des plus apparens, chaque fois qu'on m à découvert une anse intestinale et qu'on la met contact avec du gaz oxygène, ou simplement av l'air atmosphérique; quelques instans suffisent po qu'il soit des plus évidens.

rampent çà et là dans ce tissu reçoivent une influence très-variée du contact des gaz, et que, selon la nature de cette influence, les fibres, se resserrant, se crispant plus ou moins, rendent ces parties plus ou moins perméables, soit aux fluides aériformes qui tendent à s'échapper du sang pour s'unir avec celui de l'emphysème, soit à ce dernier fluide, s'il tend à se combiner avec le sang : ce qui détermine sans doute les variétés que j'ai observées.

LXXXVII. Se fait-il une exhalation sur les surfaces muqueuses? L'analogie de la peau sembleroit l'indiquer, car il paroît bien prouvé que la sueur n'est point une transsudation par les pores inorganiques de la surface cutanée, mais bien une véritable transmission par des vaisseaux d'une nature particulière et continus au système artériel.

LXXXVIII. Il paroît d'abord que la perspiration pulmonaire qui s'opère sur la surface muqueuse des bronches, qui a tant de rapport avec celle de la peau, qui augmente et diminue suivant que celle-ci diminue ou augmente, et dont la matière est vraisemblablement de la même nature ; il paroît, dis-je, que la perspiration pulmonaire se fait, au moins en partie, par le système des vaisseaux exhalans (1), et que si la combinaison de l'oxygè de l'air avec l'hydrogène du sang concourt la produire pendant l'acte de la respiratio ce n'est qu'en très-petite quantité et pour portion purement aqueuse; il faut au re observer, à cet égard, que la dissolution fluide muqueux qui lubrifie les bronches da l'air sans cesse inspiré et expiré, fournit u portion considérable de cette vapeur insen ble en été, mais remarquable en hiver, c s'élève du poumon.

LXXXIX. Le suc intestinal, que Haller spécialement considéré, mais qui paroît ê en moindre quantité qu'il ne l'a estimé, sucs gastrique et œsophagien, sont très-p bablement déposés par voie d'exhalation s leurs surfaces muqueuses respectives. M en général il est très-difficile de distingu avec précision dans ces organes ce qui a partient au système exhalant, de ce qui

---

(1) L'exhalation pulmonaire est en grande par physique; elle dépend de la perméabilité des par artérielles : on peut la faire varier à volonté sous rapport de sa qualité et de sa nature. (Voyez m *Mémoire sur la Transpiration pulmonaire*, et *Physiologie*, Tom. II.)

fourni par le système des glandes muqueuses, qui, comme nous l'avons dit, leur sont partout sous-jacentes. Aussi voit-on constamment les fluides muqueux de l'œsophage, de l'estomac, des intestins, se mêler avec les fluides œsophagien, gastrique, intestinal, etc.

XC. L'absorption des membranes muqueuses est évidemment prouvée par celle du chyle sur les surfaces intestinales, du virus vénérien sur le gland et le conduit de l'urètre, du virus variolique dont on frotte les gencives, de la portion séreuse de la bile, de l'urine, de la semence, lorsqu'elles séjournent dans leurs réservoirs respectifs. Lorsque, dans la paralysie des fibres charnues qui terminent le rectum, les matières s'accumulent à l'extrémité de cet intestin (affection commune chez les vieillards, et dont Desault citait beaucoup d'exemples), ces matières prennent souvent une dureté, effet probable de l'absorption des sucs qui s'y trouvent arrêtés. On a diverses observations d'urine presque totalement absorbée par la surface muqueuse de la vessie dans les obstacles insurmontables de l'urètre, etc. Quel que soit le mode de cette absorption, il paroît qu'elle ne se fait point d'une manière constante, non interrompue, comme celle des membranes séreuses, où le système ex halant et le système absorbant sont dans un alternative continuelle d'action; mais qu'ell n'arrive que dans certaines circonstances, don la plupart peut-être ne sont point dans l'ordr naturel des fonctions. Au reste, on a encor moins de données sur le mode de l'absorptio muqueuse que sur celui de l'absorption cu tanée, très-peu connu, comme on sait, e dont plusieurs révoquent même en dout l'existence.

§ X. *Remarques sur les affections des membrane muqueuses.*

XCI. Il n'est point de mon objet d'examine les affections des membranes muqueuses; j'in diquerai seulement quelques phénomènes qui dans ces affections, méritent, je crois, un attention particulière, et dont je propose l'ex plication aux médecins physiologistes.

XCII. Pourquoi, à la suite des inflamma tions dont elles sont le siége, les membra nes muqueuses ne contractent-elles presqu jamais des adhérences, comme cela arrive s souvent sur les surfaces séreuses? Pourquoi l surface interne de l'estomac, des intestins, d la vessie enflammée, ne se colle-t-elle pas alor dans ses diverses portions, comme celle de la plèvre, de la tunique vaginale, etc.?

XCIII. Pourquoi, dans les inflammations des membranes muqueuses, y a-t-il un écoulement abondant du fluide qui les humecte habituellement; ce qui constitue les diverses espèces de catarrhes, tandis que la source du fluide qui s'exhale des membranes séreuses est communément tarie dans les cas analogues? Cette seconde question répond-elle à la première?

XCIV. Pourquoi les polypes, espèce d'affection propre aux membranes muqueuses, et que jamais on n'observe sur les autres; pourquoi les polypes ne naissent-ils presque qu'à l'origine de ces membranes, dans le voisinage de la peau, comme dans le nez, le pharynx, le vagin, etc., et non dans leurs portions profondes, comme dans l'estomac, les intestins, etc.? Cela tient-il à la texture particulière qui caractérise, comme je l'ai démontré, les membranes muqueuses dans le voisinage des endroits où elles naissent de la peau, ou doit-on seulement attribuer ce fait aux causes plus nombreuses d'irritation qui agissent à l'origine des cavités?

XCV. Les aphthes ne sont-ils pas une affection inflammatoire isolée des glandes des membranes muqueuses, tandis que les catarrh sont caractérisés par une inflammation gén rale de toutes les parties de ces membrane

ARTICLE III.

Des Membranes séreuses.

§ Ier. *De l'étendue, du nombre des Membrane séreuses.*

XCVI. Les membranes séreuses, ou lyn phatiques, ou cellulaires, occupent l'ext rieur de la plupart des organes dont les men branes muqueuses tapissent l'intérieur : te sont l'estomac, les intestins, la vessie, et Elles se rencontrent sur ceux sujets à c grands mouvements, à des frottements réc proques, comme sur les surfaces articulaire sur les gaînes tendineuses; on les voit autou de tous les organes essentiels à la vie. Le ce veau, le cœur, les poumons, tous les viscère gastriques, les testicules, etc., en emprunte une enveloppe extérieure.

XCVII. Elles ne forment point, comme le membranes muqueuses, une surface partou continue sur les nombreux organes où elle se déploient; mais on les trouve toujour solées les unes des autres, n'ayant presque amais de communication. Leur nombre est rès-considérable. Ajoutez à celles des grandes :avités toutes celles des cavités articulaires les capsules tendineuses, et vous verrez que 'étendue de la surface séreuse, prise en totalité, et considérée comme somme de toutes :es membranes en particulier, surpasse de)eaucoup la surface muqueuse, considérée .ussi d'une manière générale.

XCVIII. Une considération suffit pour en :onvaincre. Les surfaces muqueuses et séeuses s'accompagnent dans un très-grand ıombre de parties, comme à l'estomac, aux ntestins, au poumon, à la vessie, à la vésiule, etc., de manière à y présenter à peu près a même étendue. Mais, d'une part, les suraces muqueuses se prolongent là où les séeuses ne se rencontrent point, comme aux osses nasales, à l'œsophage, à la bouche, etc., :tc.... ; d'une autre part, il est un très-grand ıombre de surfaces séreuses existant sépaément des muqueuses, comme le péricarde, 'arachnoïde, les synoviales des articulations, :elles des gaînes tendineuses. Or, si on compare l'étendue des surfaces séreuses isolées à :elle des surfaces muqueuses aussi isolées, on verra que l'une est bien supérieure à l'autre

XCIX. Ces considérations, minutieuses en apparence, méritent cependant une attention spéciale, à cause du rapport de fonctions existant entre ces deux surfaces en totalité, rapport qui porte spécialement sur l'exhalation des fluides albumineux opérée par l'une, et la sécrétion des fluides muqueux dont l'autre est le siége. Au reste, en envisageant l'étendue de chaque membrane séreuse en particulier, on voit des variétés infinies depuis le péritoine, qui semblent avoir le maximum de surface, jusqu'aux membranes synoviales des cartilages du larynx, qui paraissent en présenter le minimum.

C. La surface séreuse, prise en totalité comparée à la surface cutanée, lui est évidemment bien supérieure en largeur; en sorte que, sous ce rapport, la quantité de fluide albumineux sans cesse exhalée au-dedans paroît plus considérable que celle de l'humeur habituellement rejetée au-dehors par la transpiration insensible : je dis sous ce rapport car diverses circonstances, en augmentant l'action de l'organe cutané, peuvent rétablir l'équilibre dans l'exhalation de ces deux fluides dont l'un rentre par l'absorption dans le torrent de la circulation, et dont l'autre est purement excrémentitiel. Je ne sais même si l'exhalation pulmonaire et cutanée réunies ne sont pas moindres que celle qui s'opère sur l'ensemble des surfaces séreuses (1).

§ II. *Division des membranes séreuses.*

CI. La classe des membranes séreuses comprend deux genres essentiellement distincts. Le premier se compose de la plèvre, du péricarde, du péritoine, de l'arachnoïde, de la tunique vaginale, etc., et en général de toutes les membranes des grandes cavités. Le second comprend, 1° les capsules des gaînes tendineuses, indiquées par Albinus, Monro, M. Sabattier, exposées par Haller, Junker, décrites par Fourcroy et par Sœmmering sous le nom de capsules *muqueuses*, nom qui donne une idée fausse de leur structure, et que celui de *synoviales* remplacerait avantageusement; 2° les membranes synoviales, que j'ai décrites

(1) Toutes ces idées sont conjecturales, puisque personne n'a jamais pu peser la quantité d'exhalation séreuse; mais le rapprochement de Bichat n'en est pas moins ingénieux.

dans les diverses articulations, et dont, je crois personne n'avoit encore indiqué la structur ni les usages.

CII. Ce qui confond ces deux genres dan la même classe, c'est, 1° leur disposition ex térieure commune en forme de sac sans ou verture; 2° leur texture cellulaire; 3° l'exha lation et l'absorption alternatives qui s'y opè rent. Ce qui établit entre eux une ligne bie réelle de démarcation, c'est que, 1° le fluid qui lubrifie les membranes de l'un et l'autr paroît différer dans sa composition, quoiqu beaucoup d'analogie le rapproche; 2° dan les diathèses hydropiques qui affectent simul tanément le tissu cellulaire et les surface séreuses du péritoine, de la plèvre, etc., l'af fection ne s'étend point aux membranes syno viales, ce qui indique une différence de struc ture, quoique nous ne connoissions pas bie cette différence. 3°. Réciproquement dans le hydropisies des articulations, affection en gé néral assez rare; dans les ganglions, vraies hy dropisies des capsules synoviales des tendons il n'y a pas affection concomitante des mem branes des grandes cavités.

§ III. *Organisation extérieure des membranes séreuses.*

CIII. Toute membrane séreuse représente un sac sans ouverture (1), déployé sur les organes respectifs qu'elle embrasse, et qui sont tantôt très-nombreux, comme au péritoine, tantôt uniques, comme au péricarde, enveloppant ces organes de manière qu'ils ne sont point contenus dans sa cavité, et que, s'il étoit possible de les disséquer sur leur surface, on auroit cette cavité dans son intégrité. Ce sac offre, sous ce rapport, la même disposition que ces bonnets reployés sur eux-mêmes, et dont la tête est enveloppée pendant la nuit; comparaison triviale, mais qui donne une idée exacte de la conformation de ces sortes de membranes.

CIV. D'après cette disposition générale, il est facile de concevoir que les membranes séreuses ne s'ouvrent jamais pour laisser pénétrer dans leurs organes respectifs les vaisseaux et les nerfs qui s'y rendent ou qui en sortent, mais que toujours elles se replient en les ac-

---

(1) Bichat a beaucoup trop généralisé cette idée.

compagnant jusqu'à l'organe, en leur forman ainsi une gaîne qui les empêche d'être con tenus dans leurs cavités; ce qui prévient l'in filtration de la sérosité qui les lubrifie, infiltra tion qui auroit lieu à travers le tissu cellulair voisin, surtout dans leur hydropisie, si, comm les membranes fibreuses, elles étoient percée de trous pour le passage de ces vaisseaux e de ces nerfs. Cette disposition, exclusivemen remarquable dans les membranes qui nou occupent, est manifeste à l'entrée des vaisseau des poumons, de la rate, des intestins, d l'estomac, des testicules, des articulations, etc On la voit très-bien dans l'arachnoïde, mem brane essentiellement séreuse, comme je l dirai.

CV. D'après l'idée générale que nous avon donnée de ces membranes, il est encore facil de concevoir comment presque toutes son composées de deux parties distinctes, quoiqu continues, en embrassant, l'une, la surfac interne de la cavité où elles se rencontrent l'autre, les organes de cette cavité : ainsi y a une plèvre costale et l'autre pulmonaire une arachnoïde crânienne et une cérébrale une portion de péritoine reployée sur leu organe gastrique et l'autre sur les parois abdo minales, une partie de la capsule synoviale des tendons embrassant le tendon, et l'autre revêtant sa gaîne à l'intérieur, etc.

CVI. Quoique les membranes séreuses soient isolées, cependant il existe quelquefois des communications entre elles : celle, par exemple, de la cavité épiploïque avec la cavité péritonéale, celle de la cavité arachnoïdienne avec la cavité de la membrane qui tapisse les ventricules. Quelques auteurs pensent qu'il existe des communications entre certaines capsules synoviales des tendons et l'intérieur des articulations voisines. Je n'ai jamais rien pu découvrir de semblable. Il n'est qu'un exemple de continuité entre les membranes séreuses et les muqueuses, celle qui, au moyen de la trompe de Fallope, existe entre le péritoine et la surface utérine. Comment la nature respective des deux membranes change-t-elle ici?

CVII. Toute membrane séreuse a l'une de ses deux surfaces libre, partout contiguë à elle-même, l'autre adhérente aux organes voisins. La première est remarquable, 1° par le poli qu'elle présente, 2° par la sérosité qui l'humecte, 3° par le glissement habituel qu'elle éprouve.

CVIII. Le poli de la surface libre des membranes séreuses est un caractère qui les di tingue spécialement. Tous les organes q offrent cette disposition la doivent à l'env loppe qu'ils en empruntent; le foie cesse d'ét uni et reluisant à son bord diaphragmatiqu où le péritoine l'abandonne : il y a, sous rapport, une grande différence entre l'aspe de la face antérieure et celui de la face post rieure de l'intestin cœcum; la vessie est r gueuse partout où elle manque d'envelop] péritonéale; les cartilages des côtes n'ont poi le poli de ceux des articulations qu'embras la membrane synoviale, etc.

CIX. Cet attribut remarquable des men branes séreuses dépend-il de la compressi exercée sur elles? Leur situation dans les lie où elles sont exposées à un frottement cont nuel sembleroit le faire croire. Bordeu l'a pr tendu lorsqu'il dit que toutes les parties c bas-ventre étoient primitivement envelo] pées de tissu cellulaire, qui par la pressi s'est changé ensuite en membranes; en sor que le péritoine se forme partiellement s chaque organe gastrique, et que ces parti diverses donnent naissance, en se réunissan à la membrane générale. Cette explication c la formation du péritoine est applicable, selo lui, à la plèvre, au péricarde et à toutes les membranes analogues.

CX. Si telle est la marche de la nature, 1° pourquoi, quel que soit l'âge auquel on examine le fœtus, trouve-t-on le péritoine et les membranes séreuses tout aussi développés que leurs organes correspondans? 2°. Comment se forment les replis nombreux de ces membranes, tels que le mésentère, l'épiploon, etc.? 3°. Pourquoi est-il des parties où elles n'existent pas, quoique ces parties soient exposées à un frottement égal à celui des parties où on les rencontre? Pourquoi, par exemple, la vessie en est-elle dépourvue sur les côtés, tandis que sa partie supérieure en est tapissée? 4°. Pourquoi ne se forme-t-il pas aussi des surfaces séreuses autour des gros vaisseaux du bras, de la cuisse, etc., qui impriment aux organes voisins un mouvement manifeste? 5°. Pourquoi l'épaisseur des membranes séreuses n'augmente-t-elle pas là où le mouvement est le plus fort, et ne diminue-t-elle pas là où il est le plus foible? Pourquoi, par exemple, l'épaisseur de la tunique vaginale égale-t-elle celle du péricarde? 6°. Comment, au-dedans, le frottement peut-il produire un corps organisé, tandis qu'au-dehors il désorganise constamment l'épiderme? Comment allier la tex ture toute vasculaire-lymphatique des mem branes séreuses avec la pression qui le produit?

CXI. L'impossibilité de résoudre ces nom breuses questions prouve que ce n'est point une pression mécanique qu'il faut attribuer (la formation des membranes séreuses, et l poli de leur surface; que leur mode d'origin est le même que celui des autres organes qu'elles commencent et se développent avec eux que ce poli est un résultat manifeste de leu organisation, comme les villosités de la surfac des membranes muqueuses dépendent de l texture de ces mêmes membranes. Que diroit on d'un système où ces villosités seroient at tribuées à la pression des aliments sur l'estomac de l'urine sur la vessie, de l'air sur la pitui taire, etc., etc.?

CXII. Toute membrane séreuse est humide à sa surface interne, d'un fluide presque iden tique à la sérosité du sang, dans le premie genre de ces membranes, telles que la plèvre le péritoine, etc., d'une nature analogue, mai un peu plus composée pour le second genre qui comprend la synoviale des articulations des gaînes tendineuses, etc. Les orifices exha lants le versent sans cesse, et sans cesse il est repris par les absorbants. Sa quantité varie : simple rosée dans l'état naturel, il s'exhale en vapeurs lorsque les surfaces séreuses, mises à découvert, permettent à l'air de le dissoudre. Il est plus abondant dans les cadavres, parce que, d'une part, la transsudation qu'empêchoient les forces toniques s'opère facilement alors par la chute de ces forces, et remplace l'exhalation vitale, en transmettant mécaniquement, par leur pesanteur, les fluides des organes environnants aux diverses cavités séreuses; parce que, d'une autre part, cette même chute des forces toniques s'oppose à toute espèce d'absorption : de là la stase, l'accumulation de ce fluide. On sait jusqu'à quel point augmente sa quantité dans les diverses hydropisies, notamment dans celle du bas-ventre.

CXIII. Cette quantité ne varie-t-elle pas suivant les divers états des organes qu'enveloppent les membranes séreuses? On a dit, il y a long-temps, que la synovie s'exhaloit en plus grande abondance dans le mouvement des articulations que dans leur état de repos. Je n'ai sur ce point aucune donnée fondée sur l'expérience; mais je puis assurer avoir plusieurs fois observé sur les animaux vivants q l'exhalation de la surface séreuse du bas-ven n'augmente point pendant la digestion, ou moins que si elle est plus grande, l'absorpti devient plus active, et qu'ainsi la surface péritoine n'est pas plus humide que dans autre temps. J'ai ouvert la poitrine de p sieurs petits cochons d'Inde, après les av auparavant fait courir long-temps dans u chambre pour accélérer leur respiration, et n'ai point remarqué non plus une humid plus grande sur la plèvre.

CXIV. Quelle est la nature du fluide (cavités séreuses? Dans l'état pathologiqu dans les diverses hydropisies, sa nature all mineuse est mise hors de doute par l'action feu, de l'alcohol et des acides. Il est difficile l'analyser dans l'état sain. Cependant Hewss en ayant ramassé une cuillerée sur de grar animaux, a trouvé que sa composition ét la même que celle du fluide circulant da le système lymphatique, que celle de la rosité du sang, c'est-à-dire aussi albumineu Les essais de cet auteur, dont tout par confirmer les résultats, ont cependant bes(d'être encore répétés.

CXV. Quant à l'humeur des surfaces :

ticulaires et des gaînes tendineuses, il paroît que, très-analogue à celle des cavités, elle en diffère cependant par la nature de l'albumine qu'elle contient. Voyez, à ce sujet, l'analyse qui en a été présentée dans les *Annales de chimie*.

CXVI. Le principal usage de ce fluide, en lubrifiant les surfaces, est d'empêcher les adhérences, inévitable effet, sans lui, du frottement qu'elles éprouvent. Ce frottement est continuel partout où se trouvent ces membranes. Comment les auteurs mécaniciens du siècle passé, qui dans l'économie organique ont tant attribué aux lois physiques, n'ont-ils pas imaginé de trouver dans ce frottement une des causes de la propagation de la chaleur animale? Comment ce frottement n'a-t-il pas été ajouté par eux à celui de la circulation?

CXVII. La surface externe des membranes séreuses adhère presque partout aux organes voisins; il est rare en effet de voir ces membranes isolées des deux côtés. L'arachnoïde à la base du crâne, et quelques autres exemples, font exception. Cette adhérence des membranes séreuses à leurs organes respectifs est toute différente de celle des membranes fibreuses. Dans celle-ci, le passage des vaisseaux unit tellement les deux parties, que leur organis tion semble commune, et que l'une étant e levée, l'autre meurt presque toujours, comm on le voit dans le périoste par rapport aux o etc. Au contraire, toute membrane séreu est presque étrangère à l'organe qu'elle e toure; son organisation n'est point liée à sienne.

CXVIII. J'examinerai plus bas les preuv de la première assertion, relative aux mem branes fibreuses. Voici celles de la seconde p rapport aux séreuses. 1°. On voit très-souve ces membranes abandonner et recouvrir to à tour leurs organes respectifs. Ainsi les lig ments larges, très-éloignés de la matrice da l'état ordinaire, lui servent de membrane s reuse pendant la grossesse; l'intestin qui distend emprunte du mésentère une envelopp qui le quitte lorsqu'il se contracte; l'épiplo est tour-à-tour, comme l'a très-bien obser M. Chaussier, membrane flottante dans bas-ventre, et tunique de l'estomac. Souve l'enveloppe péritonéale de la vessie l'abandon presque en totalité; le sac herniaire de c énormes déplacements des viscères gastriqu n'a-t-il pas primitivement servi à tapisser l parois du bas-ventre, etc.? Or, il est év dent que, puisque les divers organes peuvent exister isolément de leurs membranes séreuses, il n'y a nulle connexion entre leur organisation réciproque. 2°. C'est toujours un tissu lâche, facile à se distendre en tous sens, qui sert de moyen d'union, et jamais un système vasculaire sanguin, comme dans la plupart des autres adhérences. 3°. L'affection d'un organe n'est point une conséquence nécessaire de celle de sa membrane séreuse, et réciproquement; souvent l'organe s'affecte sans que la membrane devienne malade. Par exemple, dans l'opération de l'hydrocèle, le testicule reste presque constamment intact au milieu de l'inflammation de sa tunique vaginale : l'inflammation de la membrane muqueuse des intestins n'est point une suite de celle de leur enveloppe péritonéale; et réciproquement, dans les diverses affections catarrhales aiguës des organes à membrane muqueuse au-dedans et séreuse au-dehors, on ne voit point celle-ci s'enflammer, etc. En un mot, les affections des membranes muqueuses sont partout très-distinctes de celles des séreuses, quoique le plus communément toutes deux concourent à la formation du même organe. Il est évident qu'une ligne de démarcation si réelle dans les affections en suppose inévitablement une dai l'organisation ; la vie des membranes séreus est donc entièrement isolée de celle de leu organes correspondants.

CXIX. Cependant il est des cas où ces sort de membranes cessent de présenter cette laxi d'adhérence, et où elles deviennent telleme: unies aux organes qu'elles tapissent, que scalpel le plus fin ne sauroit souvent les s parer. Voyez la tunique vaginale sur l'albı ginée, les deux feuillets fibreux et séreux c péricarde, la synoviale sur les cartilages, l' rachnoïde sur la dure-mère et autres men branes dont il sera question à l'article d séro-fibreuses, etc. Telle est la connexion (ces diverses surfaces, que plusieurs ont é prises jusqu'ici pour une membrane uniqu Il n'y a cependant pas plus d'identité d'o ganisation que là où les membranes séreus sont plus foiblement attachées à leurs organ respectifs, comme on le voit au péritoine, la plèvre, etc.

§ IV. *Organisation intérieure des membranes séreuses.*

CXX. Une couleur blanchâtre, reluisant moins éclatante que celle des aponévroses ; uı épaisseur variable, sensible sur le foie, le cœur, les intestins, etc.; à peine appréciable dans l'arachnoïde, l'épiploon, etc; une transparence remarquable toutes les fois qu'on décolle ces membranes dans une étendue un peu considérable, ou qu'on les examine là où elles sont libres par leurs deux faces, comme à l'épiploon : voilà leurs premiers caractères de structure.

CXXI. Toutes n'ont qu'un feuillet unique dont il est possible, aux endroits où il est épais, d'enlever des couches cellulaires, mais qu'on ne peut jamais nettement diviser en deux ou trois portions, caractère essentiellement distinctif de ceux des membranes muqueuses. L'action d'un vésicatoire appliqué sur leur surface externe préliminairement mise à nu, par exemple, sur une portion d'intestin fixée au-dehors dans un animal vivant, n'y fait point, comme à la peau, soulever une pellicule sous laquelle s'amasse la sérosité. J'ai plusieurs fois fait cet essai. Quelle est la composition immédiate de ce feuillet unique des membranes séreuses?

CXXII. Tout organe est en général un assemblage, 1° de tissu cellulaire, qui en est comme le moule, le canevas; 2° d'une ma-

tière particulière qui se dépose dans ce caneva
par exemple, de gélatine pour les cartilage
de gélatine et de phosphate calcaire pour l
os, de fibrine pour les muscles, etc. ; 3° de vai
seaux apportant et rapportant cette matière
la nutrition ; 4° des nerfs. Ce qui rapproc
les organes, ce sont donc l'organe cellulair
les vaisseaux et les nerfs ; ce qui les distingu
c'est leur matière nutritive. Un os deviendr
muscle, si, sans rien changer à sa textur
la nature lui imprimoit la faculté de sécrét
la fibrine et de s'en encroûter, au lieu de sépar
et s'encroûter de phosphate calcaire. Or, l
membranes séreuses ne paroissent point avoir
elles de matière nutritive distincte ; elles
sont point, sous ce rapport, un organe s
generis ; elles ne sont tissues que du moul
du canevas des autres, et non pénétrées d'u
matière qui les caractérise. Toutes formées
tissu cellulaire, elles ne diffèrent de ce tissu da
sa forme commune que par un degré de co
densation, que par le rapprochement et l'uni
des cellules, qui se trouvent écartées da
l'état ordinaire.

CXXIII. Voici sur quelles preuves repose
réalité de cette texture toute cellulaire, q
j'attribue aux membranes séreuses : 1°. Il y

identité de nature là où il se trouve identité de fonctions et d'affections. Or, il est évident que les usages de ces membranes et du tissu cellulaire relativement à l'absorption et à l'exhalation continuelles de la lymphe sont absolument les mêmes, et que les phénomènes des diverses hydropisies leur sont absolument communs, avec la seule différence de l'épanchement dans les unes et de l'infiltration dans l'autre. L'insufflation de l'air dans le tissu sous-jacent à ces membranes finit presque par les ramener à un état cellulaire, lorsqu'elle réussit et qu'on la pousse un peu loin. 3°. La macération, comme l'a très-bien remarqué Haller, produit toujours le même effet, mais d'une manière plus sensible encore. 4°. Les divers kystes, les hydatides, etc., dont l'aspect, la texture, la nature même, sont absolument les mêmes que dans les membranes séreuses, comme nous le verrons, naissent toujours au milieu du tissu cellulaire, croissent à ses dépens, et en sont tous formés. 5°. Aucune fibre ne se rencontre dans les membranes séreuses, caractère distinctif des autres organes, et analogue à celui du tissu cellulaire.

CXXIV. D'après cette texture des membranes séreuses, il est évident que le système lymphatique entre essentiellement dans leu formation, qu'elles ne sont même vraisembla blement qu'un entrelacement d'exhalants e d'absorbants; car on sait que l'organe cellu laire en est un assemblage; mais cette asse tion, que dicte l'analogie, est appuyée enco sur des preuves directes. 1°. Le fluide des hy dropisies des diverses cavités varie en densit et en couleur: or, Mascagni a toujours observ que les lymphatiques de leur voisinage conte noient un fluide exactement analogue. 2°. Deu cadavres ayant un épanchement sanguin dan la poitrine ont offert au même auteur le absorbants du poumon gorgés de sang. 3°. Dan un homme devenu emphysémateux à la suit d'un empoisonnement, les vaisseaux étoien distendus par l'air. 4°. Injectés dans le bas-ven tre ou dans la poitrine, des fluides coloré se retrouvent bientôt après, dit-on, dans le lymphatiques voisins avec la même couleu J'ai répété souvent cette expérience; le fluid injecté a été bientôt absorbé, mais non l matière qui le coloroit, en sorte que cett matière, plus condensée après l'absorption teignoit la surface séreuse, les lymphatique étant transparents comme à l'ordinaire. Il fau choisir en général l'abdomen pour ces sorte d'expériences, parce que, très à nu sur le foie, les absorbants peuvent y être plus facilement examinés. Cette faculté absorbante se conserve quelque temps après la mort; mais on doit avoir soin, pour en obtenir alors plus sûrement l'effet, de conserver l'animal, s'il est à sang chaud, dans un bain à peu près à sa température: j'ai eu plusieurs fois l'occasion de m'assurer de cette vérité, et d'observer avec Cruikshanck que ce que dit Mascagni sur l'absorption des cadavres humains, quinze, trente, quarante-huit heures même après la mort, est au moins extrêmement exagéré *.

---

* N'est ce point à la permanence de cette faculté absorbante après la mort, qu'il faut en partie attribuer la vacuité du système artériel qu'on observe alors? Souvent, en effet, les artères contiennent encore une assez grande quantité de la portion fibreuse du sang, ramassée en caillots, mais toujours la sérosité a disparu. Or, si, comme on l'a dit, la vacuité de ce système étoit entièrement due à un dernier effort pour pousser le sang dans le système veineux qui ne fait point de résistance, tandis que le sang de ce dernier système en trouve une très-grande dans la plénitude déterminée dans l'orcillette droite, par la non-action du poumon; si, dis-je, la vacuité des artères étoit toute due à une semblable

5°. Voici une expérience qui me sert, chaq année, à démontrer les absorbants : je f macérer pendant cinq à six heures le cœ d'un bœuf dans l'eau ; au bout de ce tem la membrane séreuse de cet organe, qui laissoit apercevoir que difficilement les va seaux, en paroît couverte. 6°. Lorsque membranes séreuses s'enflamment, on voit lymphatiques sous-jacents distendus, comı

---

cause, il semble que cette cause devroit s'exerc sur la portion fibreuse comme sur la sérosité ; qu dans ce dernier effort, le sang devroit passer da son état naturel, et tout entier dans le système v neux. Lors donc qu'on trouve des caillots dans sytème artériel, il est probable que les artères n'aya point eu la force d'expulser tout le sang, celui-ci s'e décomposé ; que sa portion séreuse a été reprise p les absorbants qui s'ouvrent à leur surface interne, que la fibreuse est restée, comme on le voit d'a leurs dans la résolution de la plupart des ecchymose N'est-ce point là aussi ce qui arrive dans le cœu lorsqu'il nous présente, après la mort, beaucoup caillots fibreux et point de sérosité? Au reste, tout ces idées sont des conjectures que d'ultérieures r cherches doivent confirmer (1).

(1) Ces phénomènes que Bichat cherche à expliquer, sont purs résultats d'imbibition.

elles, par les globules rouges du sang, etc., etc. (1)

CXXV. Il paroît donc démontré, 1° que les absorbants s'ouvrent par une infinité d'orifices sur les membranes séreuses; 2° que leurs racines, mille fois entrelacées entre elles et avec les orifices des exhalants, concourent spécialement à former leur tissu; 3° que la difficulté de distinguer les pores absorbants et exhalants sur leurs surfaces n'est point une raison d'en nier l'existence, cette difficulté tenant, et à leur extrême ténuité, et à la direction oblique avec laquelle ils s'ouvrent entre les lames de ces membranes; aussi l'obliquité de l'insertion du conduit de Warthon, du cholédoque même, en rend-elle l'inspection très-difficile, quoique ces conduits soient infiniment plus considérables; 4° que, d'après cette structure, il faut

---

(1) Tout ce qui est inexact et même erroné dans cet article, tient à ce qu'à l'époque où écrivait l'auteur, toute absorption ou exhalation était attribuée à l'action vitale de prétendus vaisseaux nommés exhalans ou absorbans; on ignorait alors que ces phénomènes sont en très-grande partie physiques, et tiennent à la propriété d'imbibition, ainsi que je l'ai démontré par un grand nombre d'expériences.

regarder les membranes séreuses toujours di posées, ainsi que nous l'avons vu, en forn de sac sans ouverture, comme de grands r servoirs intermédiaires aux systèmes exhala et absorbant, où la lymphe, en sortant de l'u séjourne quelque temps avant d'entrer da l'autre, où elle subit, sans doute, divers préparations que nous ne connoîtrons jamai parce qu'il faudroit l'analyser comparativ ment dans ces deux ordres de vaisseaux, qui est presque impossible, au moins po le premier, et où enfin elle sert à divers usag relatifs aux organes autour desquels elle fo me une atmosphère humide.

CXXVI. Entre-t-il des vaisseaux sangui dans la structure des membranes séreuse Ces vaisseaux sont très-nombreux auto d'elles, comme on le voit au péritoine, au p ricarde, à la plèvre, etc.; ils rampent sur le face externe, s'y ramifient : mais j'ai toujou douté qu'ils fissent réellement partie de le tissu, et même je suis presque convaincu d contraire: les considérations suivantes appuie mon opinion. 1°. Dans les cas où ces vaisseau sont injectés, on les enlève facilement avec scalpel de la face externe de ces membrane sans intéresser leur continuité ; ce qu'il e impossible de faire jamais dans les fibreuses ni les muqueuses. 2°. En examinant ces membranes là où elles sont libres par l'une et l'autre de leurs faces, aucun vaisseau sanguin n'y est sensible: l'arachnoïde à la base du crâne en fournit un exemple. 3°. Les vaisseaux changent fréquemment de rapport avec ces membranes. J'ai prouvé dans la note des pages 56 et 57, que lorsque l'épiploon s'applique sur l'estomac dans sa plénitude, les vaisseaux qu'il contient entre ses lames ne remontent point avec lui sur ce viscère, à cause de la grande coronaire stomachique qui s'y oppose. Lorsqu'on injecte des cadavres affectés de hernies volumineuses, on ne voit point les vaisseaux rampants dans l'état ordinaire, sur la surface du péritoine qui correspond à l'anneau, se prolonger inférieurement sur le sac herniaire. Il ne paroît pas que les vaisseaux que l'on observe dans les ligaments larges de la matrice les suivent dans le déplacement considérable qu'ils éprouvent lors de la grossesse, etc.

CXXVII. Je crois donc assez probable que les membranes séreuses n'ont point à elles des vaisseaux sanguins; que ce qu'on appelle *artères du péritoine*, *de la plèvre*, etc., ne sont que des troncs rampants sur leur surface e terne, susceptibles de l'abandonner lorsqu'el se déplacent, leur étant pour ainsi dire étra gers, n'entrant point immédiatement da leur structure, à laquelle les systèmes abso bant et exhalant concourent presque seu Sans doute il existe des communications ent le système artériel et les membranes séreus au moyen des exhalants; mais rien de pré n'est encore connu sur la nature, la dispo tion, et même jusqu'à un certain point l fonctions de ces vaisseaux.

§ V. *Forces vitales des membranes séreuses.*

CXXVIII. Il y a une très-grande différen entre la sensibilité des membranes précéder ment examinées et celles des membranes s reuses; celles-ci, profondément situées, co stamment hors du contact de tout corps étra ger, ne jouissent que d'un sentiment obscu elles sont peu susceptibles de causer une in pression douloureuse par leur irritatio Voilà pourquoi, lorsque dans un animal viva on les met à découvert, et qu'on les irrite av des agents chimiques ou physiques, l'anim reste tranquille (1); mais l'action de ces excitants, qui, dans l'état d'intégrité de ces membranes, n'est d'abord pas sensible, devient bientôt très-pénible, très-douloureuse même, pour peu qu'elles restent exposées à l'air. Ce phénomène n'y est point, au reste, exclusivement observable. Tous les organes blancs, les tendons, les ligaments, les cartilages, en un mot, toutes les parties que Haller a appelées *insensibles*, ne font presque éprouver aucune sensation à l'animal par le contact des corps extérieurs, lorsque ce contact s'exerce dans leur état naturel, quand elles ont récemment été mises à découvert; mais si le séjour à l'air, ou d'autres causes, les irritent, les enflamment, elles deviennent d'une extrême sensibilité.

(1) Il est assez fréquent de rencontrer des animaux, et même des hommes, chez qui les surfaces séreuses sont d'une exquise sensibilité; chez d'autres, au contraire, on les jugerait insensibles; car aucun contact, piqûre, etc., n'excite de douleur. Il est difficile de juger de la sensibilité de ces membranes par les réactifs chimiques; car, en raison de leur perméabilité, les agens chimiques les traversent rapidement et vont agir sur les parties sous-jacentes qui sont souvent des nerfs.

CXXIX. Pour bien concevoir ce fait essentie remarquons qu'il est deux espèces de sensibilit l'une purement organique, l'autre de relatio La sensibilité organique est cette faculté par l quelle un organe reçoit l'impression d'un cor qui agit sur lui, sans transmettre cette in pression au centre commun : ainsi, les gland sont sensibles à la présence du sang qui aborde ; les conduits excréteurs, à celle d fluides qu'ils contiennent, etc. Sur cette espè de sensibilité roulent les phénomènes de digestion, de la circulation, de la respiratio des sécrétions, de l'absorption, de la nutr tion, etc.; elle préside à la vie intérieure, à vie organique, à celle qui est destinée à co poser et à décomposer sans cesse l'animal, assimiler et à rejeter les substances qui le nou rissent. La sensibilité de relation est celle p laquelle nos organes sont susceptibles no seulement de recevoir l'impression des cor qui agissent sur eux, mais encore de rapport cette impression au *sensorium commune ;* c'e par cette sensibilité que l'animal est en rapp avec tout ce qui l'environne ; c'est d'elle q dépendent les phénomènes de l'action d sens, du cerveau, etc.; c'est elle qui présid la vie extérieure ou animale, ainsi appelé parce que les animaux seuls en sont doués, l'autre leur étant commune ainsi qu'aux végétaux (1).

CXXX. La sensibilité organique est le principe, l'élément de la sensibilité de relation : c'en est pour ainsi dire le premier degré ; en sorte que lorsqu'elle augmente beaucoup dans un organe, elle prend le caractère de sensibilité de relation, et cet organe rapporte au centre commun les impressions qu'il reçoit et qu'auparavant il n'y transmettoit pas, ou qu'il n'y rapportoit que très-confusément. Or, il est évident que l'effet de l'inflammation est d'exalter dans les parties leur sensibilité organique, de la faire passer par conséquent à l'état de sensibilité de relation. D'après cela, il est facile de concevoir comment les tendons, les os, les cartilages, les membranes séreuses, et autres organes appelés *insensibles* par Haller, ne font éprouver aucune sensation pénible à

---

(1) La sensibilité organique est un être imaginaire dont Bichat a souvent abusé en cherchant à expliquer des phénomènes inexplicables. Dire qu'elle est un premier degré de la sensibilité animale ou cérébrale, c'est faire un paradoxe sans aucune espèce de fondement.

l'animal, lorsqu'on les irrite immédiatemen après les avoir mis à découvert. En effet comme ils sont alors dans leur état naturel et que dans cet état la sensibilité organique es leur seul partage, ils ne peuvent transmettr au cerveau d'autres impressions que l'impres sion générale du tact. Mais s'ils restent à n pendant quelque temps, l'air les enflamme la sensibilité organique se transforme en cell de relation; tout contact d'un corps étrange sur eux devient et perceptible et douloureu pour l'animal (1).

CXXXI. Comment la nature, en augmen tant ainsi dans une partie la sensibilité orga nique, la transforme-t-elle en sensibilité c relation? Comment se fait ce passage de l'un à l'autre? Contentons-nous d'énoncer le fa sans soulever le voile qui en couvre le princ pe. Toute doctrine des forces vitales ne peu jamais être qu'une série de données fondée sur l'observation. Indiquer les phénomènes

---

(1) Ceci est beaucoup trop général : il arrive sou vent au contraire qu'au milieu d'une large plaie e suppuration, on trouve les tendons, cartilages, ap névroses, complètement insensibles, comme dan l'état le plus sain.

s'abstenir même souvent de rechercher la connexion qu'ils ont entre eux, c'est presque toujours ici ce que nous avons à faire (1). J'observe, au reste, que mille causes, autres que le contact de l'air, en enflammant les membranes séreuses, peuvent exalter leur sensibilité organique, et la transformer en sensibilité de relation, quoique ces membranes ne soient pas mises à découvert. L'histoire de leurs phlegmasies est à consulter sur ce point.

CXXXII. Est-ce à l'excès de la sensibilité des membranes muqueuses sur celle des membranes séreuses, qu'il faut attribuer le phénomène suivant? Lorsque les premières sortent au-dehors, dans les chutes de l'anus, du vagin, etc., elles conservent toujours à-peu-près le degré de chaleur qui leur est naturel, à moins qu'il n'y ait étranglement. Les secondes, au contraire, sont-elles mises à nu dans une plaie, comme on le voit dans les anses d'intestins retirées du ventre d'un animal, elles se refroidissent bientôt, restent long-temps à un

(1) Les principes qu'émet ici Bichat sont très-sages et vraiment philosophiques; il est à regretter que son imagination active l'ait trop souvent conduit à s'en écarter.

degré de température inférieur, et ne repren nent celui qui leur est ordinaire que lorsqu l'inflammation commence à survenir et exalt leur sensibilité.

CXXXIII. J'ai fait à cet égard une remar que qui prouve bien ce qui a été avancé plu haut, c'est-à-dire l'isolement de la vie de membranes séreuses d'avec la vie des organe qu'elles embrassent. En effet, quoique l'ans de l'intestin restée ainsi à l'air se refroidiss au-dehors, cependant la portion correspon dante de membrane muqueuse conserve s chaleur, comme on peut s'en assurer en fen dant l'intestin et y introduisant le doigt; et mêm si on retire une portion du tube intestinal qu'on la fende de manière à ce qu'elle présent en même temps à l'air une surface séreuse e une surface muqueuse, l'une est déjà froide que l'autre n'a encore rien perdu de sa tem pérature habituelle (1).

---

(1) Le phénomène dont parle Bichat tient au mod de circulation du sang dans les deux membranes dans la séreuse, le sang est très-peu abondant, passe privé de ses parties colorante et fibrineuse; s marche est lente, et sa quantité peu considérabl Dans les muqueuses, au contraire, les vaisseaux san

CXXXIV. Les forces toniques des membranes séreuses sont caractérisées, 1° par l'absorption qui s'y opère, et à laquelle président tellement ces forces, que dès qu'une cause quelconque frappe ces membranes d'atonie, l'absorption cesse et l'hydropisie survient; 2° par la contraction lente et graduée qu'elles éprouvent à la suite de l'évacuation naturelle ou artificielle des fluides de ces hydropisies; 3° par l'augmentation manifeste et subite de ces forces toniques, dans le cas où ces collections aqueuses sont tout-à-coup évacuées, ou repassent avec rapidité dans le torrent circulatoire; 4° par l'analogie du tissu cellulaire, qui, identique dans sa nature et ses propriétés vitales avec les membranes séreuses, jouit, comme on sait, d'une tonicité très-prononcée en certains endroits, au dartos, par exemple.

---

guins sont très-nombreux, fort gros comparativement à ceux des séreuses; le sang en totalité les traverse. Rien d'extraordinaire donc qu'elles conservent plus long-temps la chaleur : toutefois, malgré ces conditions circulatoires avantageuses, ces membranes se refroidissent presqu'aussi promptement que les séreuses.

CXXXV. Les membranes séreuses son douées d'une extensibilité beaucoup moin étendue que ne semblent le faire croire, au premier coup d'œil, les énormes dilatation dont elles sont susceptibles en certains cas Le mécanisme de leur dilatation le prouve évidemment. Ce mécanisme tient à trois cause principales: 1° au développement des plis qu'elle forment, et c'est ici la plus influente des troi causes. Voilà pourquoi le péritoine, celle d toutes les membranes de cette classe la plu exposée aux dilatations, à cause de la grossesse des hydropisies, des engorgements viscériques là plus fréquents qu'ailleurs; voilà, dis-je pourquoi le péritoine présente un si grand nombre de ces replis. Voilà encore pourquo on les observe surtout autour des organe sujets à des alternatives habituelles de con traction et de resserrement, comme autour de l'estomac, des intestins, de la matrice, de l vessie: très-manifestes dans ce premier état ils sont apparents dans le second. 2°. L'am pliation des cavités séreuses tient aux dépla cements dont leurs membranes sont suscepti bles. Ainsi, lorsque le foie grossit considéra blement, sa membrane séreuse augmente en partie son étendue aux dépens de celle du dia phragme, qui, tiraillée, se décolle et s'applique sur le viscère engorgé. J'ai vu, dans un anévrysme du cœur, le péricarde, qui n'avoit pu que très-peu céder, être détaché en partie de la portion des gros vaisseaux qu'il recouvre. 3°. Enfin ces membranes subissent dans leur tissu une distension, un allongement réels. Mais c'est en général la cause la moins sensible de l'ampliation de leur cavité; ce n'est même que dans les ampliations considérables qu'elle a une influence marquée; dans les cas ordinaires, les deux premières causes suffisent presque toujours.

CXXXVI. Remarquons, en passant, que l'augmentation d'étendue d'une partie de l'organe cutané a souvent beaucoup d'analogie avec celle des surfaces séreuses. Par exemple, dans les sarcocèles extrêmement volumineux, la peau qui les recouvre s'accommode à leur étendue, 1° par le développement des plis du scrotum; 2° par le tiraillement de la peau de la verge, de la partie supérieure des cuisses, qui s'applique sur la tumeur; 3° par une extension réelle de celle qui correspond, dans l'état ordinaire, au testicule.

§ VI. *Sympathies des membranes séreuses.*

CXXXVII. J'ai divisé les sympathies en troi classes ; savoir, 1° en sympathies de sensibili té, ou en celles qui, à l'occasion de l'irritatio d'une partie, déterminent une douleur ou u sentiment quelconque dans une autre partie 2° en sympathies d'irritabilité, que caractéris la contraction d'un organe musculeux, à l suite de l'application d'un stimulus sur u autre organe plus ou moins éloigné; 3° en syn pathies de tonicité, qui se manifestent quan un organe étant excité, un autre reçoit u surcroît de forces toniques. Je ne connois pou les membranes séreuses que les phénomène sympathiques de la première et de la second classe.

CXXXVIII. 1°. On observe dans la frénési où l'arachnoïde est irritée une extrême sens bilité de l'œil et de l'oreille; 2° dans l'opératio de l'hydrocèle par l'injection, l'irritation de s tunique vaginale est souvent accompagnée d douleurs très-vives dans la région lombaire 3° l'affection inflammatoire de la plèvre d'u côté est fréquemment la cause d'une doulet dans la plèvre du côté opposé, sans que dai les cadavres de ceux où cette douleur a eu lieu on observe une inflammation de ce côté, etc., etc. Voilà des sympathies de sensibilité.

CXXXIX. Les sympathies de tonicité sont caractérisées dans les membranes séreuses par les phénomènes suivans: 1° quand une portion même très-petite du péritoine est irritée, comme dans le pincement d'un point de la surface intestinale, souvent la totalité de la membrane s'enflamme. 2°. L'inflammation de la plèvre a déterminé quelquefois, comme l'observe Barthez, celle du cerveau, et réciproquement; l'inflammation des deux plèvres se succède assez souvent, et l'affection de l'une naît alors sympathiquement de celle de l'autre. 3°. Si l'on irrite une portion du mésentère d'un reptile, toutes les parties voisines reçoivent un surcroît de forces toniques, surcroît qui change tout-à-coup la direction que ces forces imprimoient aux humeurs, et fait que le point irrité devient le centre de la circulation capillaire de la partie. Haller, Fontane et plusieurs autres ont répété ces expériences. Dans tous ces cas, et divers autres que je pourrois ajouter, il y a évidemment surcroît de tonicité dans un point autre que celui irrité. Barthez classe ces phé-

nomènes et autres analogues parmi les sy
pathies des vaisseaux sanguins.

§ VII. *Fonctions des membranes séreuses*

CXL. J'ai indiqué les fonctions des mer
branes séreuses relatives au système lympha
que; j'ai montré ces membranes comme
grands réservoirs intermédiaires aux systèm
exhalant et absorbant, où la lymphe se prép
re, s'élabore, etc. Il me reste à indiquer leu
usages relatifs aux divers organes sur lesqu
on les voit se déployer.

CXLI. Le premier de ces usages est sa
doute de former autour des organes essenti
une limite qui les isole de ceux de leur voi
nage. Remarquez en effet tous les viscèr
principaux, le cœur, le poumon, le cervea
les viscères gastriques, les testicules, etc
bornés par leur enveloppe séreuse, suspe
dus au milieu du sac qu'elle représente,
ne communiquent qu'à l'endroit où pén
trent ces vaisseaux, avec les parties adjace
tes; partout il y a contiguïté et non con
nuité.

CXLII. Cet isolement de position coïnci
très-bien avec l'isolement de vitalité qu'on r

marque dans tous les organes, et notamment dans ceux que nous venons d'indiquer. Chacun a sa vie propre, laquelle est le résultat d'une modification particulière de la sensibilité, de la tonicité, de l'irritabilité; modification qui en établit nécessairement une dans la circulation, la nutrition, la température. Aucune partie ne sent, ne se meut, ne se nourrit comme une autre, à moins que celle-ci n'appartienne à un même système. Chaque organe exécute en petit les phénomènes qui se passent en grand dans l'économie; chacun prend dans le torrent circulatoire l'aliment qui lui convient, digère cet aliment, rejette au-dehors dans la masse du sang la portion qui lui est hétérogène, s'approprie celle qui peut le nourrir: c'est la digestion en abrégé. Sans doute qu'ils vouloient donner une idée de cette vérité si bien développée par Bordeu, les anciens qui disoient que la matrice est un animal vivant dans un autre animal. C'est donc un usage bien important des membranes séreuses que de contribuer, en rendant indépendante la position de leurs organes respectifs, à l'indépendance des forces vitales, de la vie, des fonctions de ces organes. N'oublions pas d'envisager sous le même point de vue l'atmosphère humide dont elles les environnent sans cesse.

CXLIII. Une seconde fonction des membranes séreuses, c'est de faciliter le mouvement des organes. Observons, à cet égard que la nature s'est ménagé deux moyens principaux pour remplir ce but; savoir, les membranes et le tissu cellulaire. En distribuant au dehors le second de ces moyens, elle a spécialement destiné le premier aux mouvement internes; le poli, l'humidité des surfaces séreuses leur sont singulièrement favorables.

CXLIV. Ces mouvements internes ne son considérés ordinairement que d'une manièr isolée, que relativement aux fonctions de l'organe qui les exécute, que par rapport à la circulation, pour le cœur; à la respiration, pour l poumon; à la digestion, pour l'estomac, etc. mais il faut les envisager aussi d'une manièr générale; il faut les regarder comme portan dans toute la machine une excitation continuelle, qui soutient, anime les forces et l'action de tous les organes de la tête, de la poitrine et du bas ventre, lesquels reçoivent moin sensiblement que les organes des membre l'influence des mouvements extérieurs. Ce son ces mouvements internes qui excitent, entre iennent, développent au-dedans les phénomènes nutritifs, comme au-dehors les mouvements des bras, des cuisses favorisent la nutrition des muscles qui s'y trouvent, ainsi qu'on le voit d'une manière sensible chez les boulangers, les mécaniciens et autres artistes qui exercent plus particulièrement telle ou telle partie. C'est ainsi que les membranes séreuses contribuent indirectement à la nutrition, à l'accroissement de leurs viscères respectifs; mais jamais elles n'ont sur cette nutrition une influence directe, parce que, comme je l'ai dit ailleurs, leur organisation, leur vie sont différentes de la vie et de l'organisation de ces viscères.

CXLV. Doit-on, comme quelques-uns, regarder les membranes séreuses comme servant d'une espèce de moule qui détermine la forme extérieure de l'organe qu'elles entourent? On repoussera cette idée, si l'on considère, 1° la laxité de leurs adhérences; 2° la facilité avec laquelle elles quittent leurs organes et viennent de nouveau les recouvrir, suivant qu'ils sont en contraction ou en dilatation; 3° la disposition de plusieurs, qui n'embrassent qu'en partie ces organes, comme on le voit à la vessie, au cœcum, etc.

CXLVI. Je n'indique point les usages parti culiers de chacune, ceux de la plèvre, pa exemple, relativement à la respiration, qu'ell favorise par l'écartement de la portion costal d'avec la pulmonaire, etc.

§ VIII. *Remarques sur les affections des membranc séreuses.*

CXLVII. Voici quelques questions, sur l solution desquelles des connoissances plu étendues que celles que j'ai présentées sur l membranes séreuses, pourront peut-être in fluer un jour.

CXLVIII. Pourquoi les surfaces séreuses in férieures, telles que la tunique vaginale et n tamment le péritoine, sont-elles plus fréquen ment le siége des hydropisies, que les surfac supérieures, telles que la plèvre, le péricard et surtout l'arachnoïde?

CXLIX. Pourquoi, dans la diathèse hydr pique de ces diverses membranes et du tiss cellulaire, une affection analogue ne se man feste-t-elle pas dans les membranes synovial des articulations et des gaînes tendineuses? quelle variété précise d'organisation cette diff rence tient-elle?

CL. Quel rapport y a-t-il entre l'exsudation urulente et visqueuse des membranes séreu-es enflammées, et l'augmentation de sécré-on qui, dans le même cas, survient dans les landes des membranes muqueuses?

CLI. N'y a-t-il pas un parallèle exact à établir, 1° entre les adhérences des membranes éreuses qui résultent de l'inflammation, et elles de la réunion des plaies par première itention? Ces adhérences ne sont-elles pas, ans l'un comme dans l'autre cas, l'effet de inflammation à son premier période? 2°. En-re l'exsudation purulente de ces membranes et i suppuration des plaies non réunies, l'une t l'autre ne sont-elles pas l'effet du second pé-iode inflammatoire? Si l'identité de ces phé-omènes est reconnue, ne dépend-elle pas de identité de structure des membranes séreu-es et du tissu cellulaire, agent essentiel de la éunion et de la suppuration des plaies?

CLII. Lorsqu'il se rencontre des adhérences ur les membranes séreuses dans une surface in peu large, l'exhalation lymphatique devient-lle en proportion plus abondante sur les au-res surfaces non adhérentes?

CLIII. Se forme-t-il dans les articulations, ur les surfaces synoviales, de ces espèces de membranes contre nature, si communes à suite de l'inflammation de la plèvre, de l'arachnoïde, etc., etc.?

ARTICLE IV.

Membranes fibreuses.

§ Ier. *Étendue, nombre des membranes fibreuses*

CLIV. Les membranes fibreuses sont très multipliées dans l'économie animale. Les organes qu'elles entourent n'ont point entre eux des analogies, comme ceux que revêtent les membranes séreuses, et qui tous sont remarquables par des mouvements plus ou moins manisfestes, ou comme les parties sur lesquelles se déploient les membranes muqueuses qui sont partout en contact avec des corps hétérogènes à l'animal. On rencontre ces sortes de membranes à l'extérieur des os, de l'œil du testicule, de la verge, du rein, etc. On les voit se déployer sur la circonférence des membres, qui en empruntent une forte enveloppe dans l'interstice des muscles, autour des surfaces articulaires; car il faut ranger parmi elles les aponévroses, les capsules fibreuses des articulations, etc.

CLV. Il y a entre toutes ces membranes une :ontinuité remarquable. Le périoste semble :tre leur point commun de réunion; presque outes en naissent, y aboutissent, ou commuiiquent avec lui par divers prolongements. La lure-mère, en sortant par les trous nombreux de a base du crâne, se continue avec lui et s'unit ı la sclérotique, en envoyant à tous deux le 'euillet; la membrane du corps caverneux en:relace ses fibres avec les siennes sous l'ischion: l en est de même dans toutes les capsules ibreuses qui se fixent en haut et en bas de 'articulation. Toutes les aponévroses viennent)resque y aboutir, soit qu'elles enveloppent ın membre en totalité, soit qu'elles fournissent ıux muscles des gaînes, des points d'insertion)u de terminaison. Le péricondre du larynx, .a tunique albuginée, celle qui entoure le rein, semblent presque seules avoir une existence isolée. Il suit de là qu'on peut concevoir la surface muqueuse, comme la surface fibreuse, d'une manière générale, c'est-à-dire, se prolongeant partout, appartenant en même temps à une foule d'organes, distincte sur chacun par sa forme, sa texture, sa disposition, mais se continuant dans le plus grand nombre,

ayant presque partout des communicatior
Cette manière de l'envisager paraîtra plus n
turelle encore, si l'on considère que le périost
aboutissant général des diverses portions
cette surface, est lui-même partout contir
sur les articulations, soit au moyen des capsul
fibreuses qui unissent celui d'un des deux
à celui de l'autre, comme à l'humérus, au f
mur, etc., soit au moyen des ligaments latérau
qui remplissent cet usage dans les articulation
où, comme à celle du genou, on ne trou
point de capsule fibreuse, mais seulement u
sac synovial. En considérant ainsi la surfa
fibreuse, elle a une étendue égale, au moin
et peut-être supérieure à celle des surfaces s
reuses et muqueuses.

CLVI. L'étendue particulière de chaque po
tion de cette surface est en général propo
tionnée à celle de l'organe qu'elle entoure. O
ne voit point la sclérotique, l'albuginée, le pé
rioste, former de nombreux replis comme l
péritoine, la plèvre, etc., ou comme la portio
de la surface muqueuse qui revêt les intestin
grêles; c'est un caractère distinctif des mem
branes fibreuses, caractère auquel la dure-mèr
seule fait exception; par les prolongement

u'elle envoie entre les lobes du cerveau, ceux lu cervelet, et entre ces deux portions prin-ipales de la masse cérébrale.

§ II. *Division des membranes fibreuses.*

CLVII. Quoique, presque partout continues, es membranes fibreuses ne fassent pour ainsi lire qu'un même tout, qu'un organe unique, l existe cependant entre elles des différences ssez marquées pour les diviser en deux grandes lasses. Je range dans l'une, 1° les aponévroses, u'on peut diviser en aponévroses d'enveloppe, elles que celles qui entourent la cuisse, la ambe, le bras, l'avant-bras, etc., et en apo-iévroses d'insertion : ce sont celles qui, in-erposées entre les fibres charnues, leur don-ient naissance, en se continuant avec elles; 2° les capsules fibreuses des articulations, telles ue celles du fémur, de l'humérus, espèces le membranes que les anatomistes ont beau-oup trop multipliées, et qui, comme je le lémontrerai ailleurs, n'existent que dans le rès-petit nombre d'articulations, la plupart i'étant pourvues que de membranes syno-viales; 3° les gaînes fibreuses des coulisses des tendons.

CLVIII. Je rapporte à la seconde classe d(membranes fibreuses le périoste, la dure-mèr(l'enveloppe du corps caverneux, celle du reir la sclérotique, l'albuginée, la tunique interr de la rate, etc. Toutes ces membranes soı remarquables et distinctes de celles de la clas: précédente, 1° par l'immédiate connexio qu'elles ont avec l'organe qu'elles entourent 2° parce qu'elles font pour ainsi dire parti de sa structure, les autres étant presque étrar gères aux parties sur lesquelles elles se d(ploient, et ayant une vie très-indépendante d la leur; 3° par divers autres caractères qui voı être l'objet de nos recherches dans les para graphes suivants.

§ III. *Organisation extérieure des membranes fibreuses.*

CLIX. Je vais indiquer d'abord les carac tères généraux d'organisation extérieure qı conviennent à toutes les membranes fibreuses j'exposerai ensuite ceux de chacune des deu classes où elles ont été distribuées. 1°. Tout membrane fibreuse a ses deux faces partou continues aux parties voisines, toujours ad hérentes, jamais libres, comme on le voit dan l'une des faces des membranes séreuses et des muqueuses, jamais par conséquent humectées d'un fluide particulier, comme ces deux classes de membranes en présentent encore un exemple. 2°. La plupart représentent des espèces de sacs où sont contenues diverses parties. Ainsi le *fascia-lata* forme à la cuisse une enveloppe ajoutée à celle des téguments; l'albuginée en présente une au testicule, la sclérotique à l'œil, le périoste à l'os, les capsules fibreuses à la membrane synoviale, etc. 3°. Cette enveloppe est percée de diverses ouvertures pour le passage des vaisseaux et des nerfs qui se rendent aux parties sous-jacentes ou qui en sortent, caractère distinctif de celui des membranes séreuses, qui se replient toujours et ne s'ouvrent jamais pour laisser pénétrer les vaisseaux aux organes qu'elles embrassent. Ces ouvertures, formées par le simple écartement des fibres, sont en général plus grandes que le diamètre des vaisseaux correspondants; ce qui empêche qu'ils ne soient pincés, étranglés en diverses circonstances.

CLX. Les caractères d'organisation extérieure propres aux membranes fibreuses de la première classe, varient suivant les genres compris dans cette classe, suivant qu'on observe

ces caractères dans les aponévroses, les ca
sules articulaires ou les gaînes tendineuse
Les aponévroses d'enveloppe présentent u
forme très-variable, suivant la partie qu'ell
embrassent : tantôt disposées en forme
gaînes cylindriques, comme aux membre
tantôt aplaties en manière de toile, comn
au-devant des muscles abdominaux, elles so
toutes remarquables par leur continuité av
certains muscles, au moyen desquels l'anim
leur imprime le degré de tension convenab
pour borner ou faciliter les mouvements
la partie. Chacun a, pour ainsi dire, ses muscl
tenseurs, dont la contraction, graduée à v
lonté, fait varier aussi à volonté l'état où el
se trouve. Cette loi d'organisation extérieu
est évidente dans l'insertion, 1° des artic
laires et des deux portions frontale et occ
pitale à la toile épicrânienne; 2° des muscl
droits à l'aponévrose abdominale antérieur
au moyen des intersections tendineuses; 3° d
grand pectoral et du grand dorsal à la bra
chiale, du biceps à l'antibrachiale; 4° du grê
de l'avant-bras à la palmaire; 5° du gran
fessier, du *fascia-lata*, etc., à l'aponévrose d
même nom; 6° des demi-tendineux, demi
membraneux et biceps à la tibiale; 7° de

petits dentelés postérieurs, à celle qui recouvre les muscles des gouttières vertébrales, etc., etc.

CLXI. Cette disposition a l'avantage, non-seulement de diminuer ou d'augmenter en général l'extension des aponévroses, mais encore de la proportionner avec précision à la contraction des muscles. En effet, comme la plupart de ceux énoncés ci-dessus sont les agents essentiels du mouvement de la partie où ils se trouvent, il est évident que cette partie ne peut fortement se mouvoir sans que son aponévrose ne soit tendue avec force; car l'action d'un muscle sur l'aponévrose ne s'isole pas de celle qu'il exerce sur le membre. Ainsi le biceps, en fléchissant violemment l'avant-bras, distend nécessairement avec violence l'aponévrose antibrachiale. Or il est facile de concevoir l'avantage de la distension des aponévroses d'enveloppe pendant la contraction des muscles sous-jacents, soit pour ajouter à leur force en les comprimant un peu, soit pour prévenir tout déplacement de leurs fibres, déplacement assez fréquent dans les jumeaux et le solaire, qui n'ont point une enveloppe aponévrotique correspondante par sa résistance à l'énergie de leurs mouvements. Ce déplacement donne lieu à une douleur vive, une suspension momentanée de mouvement phénomènes qui forment la crampe.

CLXII. Toute capsule fibreuse présente un organisation extérieure telle, qu'on la voi former une espèce de cylindre creux, dont le deux extrémités embrassent les deux têtes os seuses, en se continuant avec le périoste. Sou vent elle est percée, non-seulement des trou ordinaires pour le passage des vaisseaux, comm les membranes fibreuses en général, mais en core d'ouvertures considérables, pour trans mettre des tendons, qui vont s'implanter entr elle et la membrane synoviale. On en trouv un exemple sensible dans le rapport du sous scapulaire avec la capsule de l'humérus.

CLXIII. Les gaînes tendineuses, remar quables surtout aux faces palmaire et plantair des doigts de la main et du pied, représenter en général la moitié d'un cylindre plus o moins long, dont chaque bord, fixé à ceu des phalanges, y naît du périoste ou s'y en trelace avec lui. L'os complète la cavité qu traverse le tendon, et que revêt en totalité l membrane synoviale.

CLXIV. Les caractères d'organisation exté

rieure de la seconde classe de membranes fibreuses, du périoste, de la sclérotique, de l'albuginée, diffèrent beaucoup des précédents. Ces sortes d'enveloppes correspondent au-dehors par un tissu lâche aux organes qui les entourent. Ordinairement embrassées par les muscles, elles permettent facilement, sous ce rapport, leurs mouvements divers et prennent souvent à l'endroit où le frottement est considérable une texture cartilagineuse, par l'exhalation de la gélatine entre leurs fibres, qui s'en encroûtent. Cette disposition est improprement désignée sous le nom de *périoste endurci*, quand c'est cette membrane qui la présente.

CLXV. La surface interne de ces membranes, intimement unie à l'organe qu'elles entourent, y envoie divers prolongements, qui identifient, pour ainsi dire, leur existence à la sienne. Une foule de fibres se détachent du périoste et pénètrent dans l'os; la dure-mère y envoie aussi de nombreux filaments; de l'albuginée, de l'enveloppe du corps caverneux, de la tunique propre de la rate, partent des appendices fibreuses, qui, s'entre-croisant en divers sens au-dedans de l'organe, forment comme le canevas, la charpente, autour desquels s'arrangent et se soutiennent ses autre parties constituantes.

CLXVI. D'après cela, nous devons consi dérer la membrane elle-même comme le moul qui détermine la forme et la grandeur de l'or gane. Aussi on le voit, lorsqu'elle vient à êtr enlevée, pousser çà et là d'irrégulières végéta tions. Le cal, dans les cas de déplacement tro considérable pour permettre le prolongemen du périoste sur les surfaces divisées, est inéga raboteux, hérissé d'aspérités, etc. La figu du testicule s'altère, dès que sa tuniqu albuginée a été intéressée dans un point quel conque, etc. C'est là un caractère distinct de celui des membranes séreuses, qui peuven sans causer aucune lésion dans la forme d leur organe respectif, l'abandonner, comm nous l'avons vu, dans une partie plus ou moin grande de son étendue, souvent même e totalité.

§ IV. *Organisation intérieure des membranes fibreuses.*

CLXVII. Quelle que soit la classe à laquell elles appartiennent, les membranes fibreus ont toujours à-peu-près la même organisatio Leur couleur, d'un gris foncé sur le plus gran nombre, devient sur les aponévroses d'u blanc resplendissant. Toutes, lorsqu'elles sont desséchées, sont, comme les tendons, exposées aussi à la dessiccation, jaunâtres, demi-transparentes, élastiques; leur épaisseur est moyenne entre celle des membranes séreuses et celle des membranes muqueuses.

CLXVIII. Ordinairement formées d'un seul feuillet, elles en présentent quelquefois deux, comme à la dure-mère; mais ils ne sont distincts ici que dans quelques parties, à l'endroit des sinus, par exemple : partout ailleurs, leur séparation est presque impossible. On dit communément que le feuillet interne forme, en se reployant, la faux, la tente du cervelet, etc. On conçoit, mais on ne démontre pas cette disposition. Je compare ces prolongements à ceux qu'envoient dans l'interstice des muscles les aponévroses qui enveloppent les membres, avec la différence, 1° que les premiers sont libres de tous côtés, et que les autres, au contraire, fournissent de nombreux points d'attache; 2° qu'à l'origine des uns, il y a un écartement de fibres pour les sinus, tandis qu'à celle des autres rien de semblable ne s'observe.

CLXIX. Toutes ces membranes ont pour base commune une fibre d'une nature particulière, dure, élastique, insensible, peu cc tractile, que la macération ne résout poi comme Haller l'a dit, en tissu cellulaire. Ce fibre, très-abondamment répandue dans l conomie animale, est aussi le principe ess tiel de la structure des tendons et des lig ments, qui ne diffèrent des membranes breuses, qu'en ce que cette fibre y est ramas en faisceaux toujours parallèlement dispos quelquefois entre-croisés; au lieu que da ces membranes elle s'entrelace en réseau mir et à large surface. Aussi la fibre nerveuse e elle étendue en membrane sur la rétine, r massée en paquets allongés dans les ner aussi la fibre musculeuse forme-t-elle alterr tivement et des faisceaux charnus dans muscles locomoteurs, et des couches me braneuses sur l'estomac, la vessie, etc. La n ture organique reste la même dans ces variét de conformation.

CLXX. C'est sans doute à cause de l'iden té de nature entre la fibre des tendons, des gaments et celle des membranes fibreuses, q l'on voit toujours ces organes s'entrelacer et continuer. On sait, 1° que partout les ligamer et le périoste se réunissent ensemble; 2° q presque tous les tendons naissent de cette mei

›rane. ou s'y terminent; 3° que ces cordons ›lanchâtres et fibreux prennent encore leur in- ertion sur la sclérotique, sur l'enveloppe des :orps caverneux; 4° que quelques-uns, comme :eux des muscles de l'œil, semblent se confon- lre avec la dure-mère. Cette continuité des ten- lons ne s'observe jamais sur aucun autre or- ;ane, et spécialement on ne la voit point sur les nembranes séreuses et muqueuses.

CLXXI. Si l'on rapproche maintenant cette observation de celle qui nous a montré presque toutes les membranes fibreuses continues les unes aux autres, on verra, 1° que l'étendue de l'organe fibreux, considéré d'une manière générale, est bien plus grande que d'abord nous ne l'avions annoncé, puisqu'il faut y ajouter encore les ligaments et les tendons; 2° que cet organe se tient partout, s'enchaîne, se lie, et forme un corps continu, dont le périoste est comme le centre, l'origine et la terminaison.

CLXXII. Cette fibre fondamentale, base essentielle des membranes qui nous occupent, n'est pas disposée dans toutes de la même manière. La sclérotique, l'albuginée, la dure-mère, etc., nous présentent un entre-croisement, qui, varié selon mille directions, paroît absolument inextricable: cet entre-croisement devient moins compliqué dans le périoste, ne fait qu'en deux ou trois sens dans les apon vroses et les capsules fibreuses; il est nul da les ligaments formés, ainsi qu'il a été dit, fibres parallèles.

CLXXIII. J'observe qu'il n'y a dans l'éc nomie animale que trois fibres bien distinct 1° celle qui nous occupe; 2° la nerveuse; 3° musculeuse ; l'organe cellulaire n'étant poi fibreux. Chacune, dans ses organes respecti savoir, les tendons, les muscles et les nerfs, très-distincte, très-manifeste, parce qu'elle existe isolément, et forme ces organes presq en entier; mais la nature ne peut-elle point combiner deux à deux, trois à trois, etc.? N'e ce point à cette combinaison qu'il faut att buer les propriétés de certains organes qui p ticipent également à celles de ces trois fib primordiales? On conçoit que, par cette co binaison, je n'entends pas l'entrelacement c dinaire des muscles avec les nerfs apparei qui s'y distribuent, de ces mêmes muscles av leurs tendons, etc.

CLXXIV. Quel que soit l'état isolé ou co biné de ces trois fibres, elles sont évidemme bien distinctes dans leur nature, et il est i possible d'admettre l'opinion d'une foule d' anatomistes qui, observant que les compressions intérieures changent quelquefois les muscles en un corps blanchâtre, dense et serré, ont cru la fibre musculaire identique à celle des tendons et par conséquent des membranes fibreuses. Dans les muscles, la même fibre est, selon eux, alternativement charnue et tendineuse. Comment admettre unité de nature là où il y a différence d'organisation extérieure et intérieure, de propriétés vitales, de fonctions et même d'affections? Or, le moindre parallèle établi entre le tendon et le muscle démontre ces différences, sur lesquelles je ne m'arrête pas. Il y a certainement moins d'analogie entre le muscle et le tendon qui reçoit son insertion, qu'entre celui-ci et l'os, qui, à son tour, lui fournit une attache dans l'adulte.

CLXXV. Quelle est la nature de cette fibre blanche, base commune des membranes qui nous occupent? On l'ignore, parce qu'on ne lui connoît pas des propriétés bien prononcées; qu'elle n'en a, pour ainsi dire, que de négatives de celles de la fibre musculaire, que caractérise la contractilité, et de celles de la fibre nerveuse, que distingue la sensibilité; on la voit presque toujours dans un état passif. Au reste, c'est à elle que tout l'organe fibreux doit cette force, cette résistance qui lui so propres, et qu'on ne retrouve qu'en un pet nombre d'autres organes. Elle établit ent ceux où elle existe, et la peau, les cartilage les membranes séreuses, etc., une différence structure essentielle; aussi la division ordina re des organes en blancs et en rouges est-el manifestement défectueuse, en ce que, dans classe des parties blanches, on confond av les organes fibreux, et ceux que forme seul ment le tissu cellulaire, et ceux qui, étant texture différente, n'ont point cette fibre po base.

CLXXVI. Cette fibre n'est pas développ également dans tous les âges; plusieurs mer branes fibreuses n'en présentent, dans le fœtu presque aucune trace. En considérant le ce tre phrénique, plusieurs aponévroses et la d re-mère même, dans les premiers mois, on trouve l'aspect des membranes séreuses et u texture toute cellulaire; ce n'est que peu à p que les fibres se développent, et finissent enf par envahir, si je puis me servir de cette e pression, toute la membrane.

CLXXVII. Le système vasculaire des mer branes fibreuses est très-prononcé; il pénèt leur tissu, entre évidemment dans leur con position. Souvent on voit les vaisseaux s'y ramifier à l'infini, avant de pénétrer dans l'organe qu'elles recouvrent. Quelques anatomistes les ont considérées, d'après cela, comme propres à activer la circulation, à suppléer ainsi à la force du cœur, qui doit être ralentie à leur surface; mais leur peu de contractilité, leur adhérence sur les parties où on leur a attribué cet usage, semblent évidemment l'infirmer.

CLXXVIII. Il paroît certain qu'il y a un rapport remarquable, quoique peu connu, entre la circulation de ces membranes et celle de l'organe qu'elles recouvrent. Si l'on détruit le système médullaire, l'os se nécrose; la circulation y cesse au-dedans; tout son système vasculaire semble se reployer au-dehors sur le périoste, qui devient alors rouge, épais, très-sensible, et finit par s'ossifier. L'expérience inverse, celle par laquelle, en détruisant le périoste sur une partie considérable de l'os, avec la précaution de laisser des troncs essentiels, on développe une circulation plus active sur le système médullaire, qui devient aussi osseux; cette expérience a eu, dit-on, du succès, faite par divers anatomistes vivants: elle m'a toujours présenté d'extrêmes difficultés, et jamais de succès.

CLXXIX. Les membranes fibreuses ont-
des nerfs? D'après la dissection, on peut
pondre que non: d'après plusieurs phéno
nes de leur sensibilité, on peut assurer que
Mais ces phénomènes sont-ils irrévocablen
liés à la présence de ces cordons médullai
tels au moins que nous les voyons dans les
tres organes?

§ V. *Forces vitales des membranes fibreuses*

CLXXX. Haller a placé parmi les orga
insensibles les membranes fibreuses, pa
qu'irritées par divers agents chimiques et r
caniques, elles ne font éprouver à l'animal
cune sensation douloureuse; mais j'ai déjà
remarquer que cette propriété, restreinte
ce grand homme dans des bornes trop étroit
avoit deux degrés très-marqués: l'un, où l'
gane semble être le terme de l'impression q
reçoit; l'autre, où il rapporte cette impressi
au cerveau.

CLXXXI. La sensibilité n'est qu'au premi
degré dans les membranes fibreuses; les dive
excitants déterminent sur elles, dans leur i
tégrité, un effet analogue à celui des fluid
qui y abordent pour leur nutrition: elles se

ent le stimulus, mais ne transmettent point e sentiment, ou du moins ne le transmettent ue très-confusément. Je compare cet état à elui d'une région devenue paralytique: cerainement la sensibilité organique subsiste dans ette région, puisque les fluides y circulent, uisque les sécrétions s'y opèrent, etc.; mais a sensibilité de relation y est éteinte. Les memranes fibreuses sont naturellement ce que les éguments de cette région deviennent accidenellement. Remarquons, au reste, qu'ici, omme aux membranes fibreuses, l'inflammaion exalte tellement la sensibilité organique, u'elle se transforme dans ce cas en celle de elation, comme on peut l'observer sur le périoste resté à nu, sur la dure-mère, qui s'exolie après le trépan, etc.

CLXXXII. Quoique, d'après un grand nomre d'expériences sur les animaux vivants, la ensibilité de relation semble nulle dans les nembranes fibreuses et dans les organes anaogues qui forment partie du corps fibreux, onsidéré en général, il est cependant un mode d'excitation qui la développe d'une manière emarquable dans les ligaments, avec lesquels elles ont tant d'analogie de structure. En effet, nettez à découvert une articulation sur un chien, celle de la jambe, par exemple; diss quez avec soin les organes qui l'entourer enlevez surtout exactement les nerfs, de man re à ne laisser que les ligaments; irritez ceu ci avec un agent chimique ou mécaniqu l'animal reste immobile, et ne donne auc signe de douleur. Distendez après cela (mêmes ligaments, en imprimant un mou ment de torsion à l'articulation : l'animal l'instant, se débat, s'agite, crie, etc. Coup enfin ces ligaments de manière à laisser ser la membrane synoviale qui existe dans ce articulation, et tordez ensuite les deux os sens contraire : cette torsion cesse d'être do loureuse (1).

CLXXXIII. Il résulte de cette expérien que j'ai souvent répétée, que les ligaments,

---

(1) Cette expérience, à laquelle Bichat attach une grande importance, n'est pas exacte; je la pète tous les ans dans mes cours. Jamais elle réussi, c'est-à-dire que la torsion des ligame après la dissection de l'articulation et l'enlèvem des nerfs, ne produit aucune sensation apprécia à l'animal.

Les applications ingénieuses des résultats de ce expérience ne sont donc nullement fondées.

sensibles aux agents qui les coupent, les déchirent, les désorganisent, le sont beaucoup à ceux qui les distendent au-delà de leur degré naturel. Ils ont donc leur mode de sensibilité de relation, et ce mode est analogue à leurs fonctions. En effet, écartés par leur position de toute excitation extérieure qui puisse agir sur eux chimiquement ou mécaniquement, ils n'ont pas besoin, comme la peau, exposée à cette sorte d'excitation, d'une sensibilité qui en transmette l'impression. Au contraire, très-sujets à être distendus, tiraillés, tordus dans les violents mouvements des membres, il étoit nécessaire qu'ils avertissent l'âme de ce genre d'irritation, dont l'excès auroit pu, sans cela, devenir funeste à l'articulation. Voilà comment la nature accommode la sensibilité de chaque organe aux excitations diverses qu'il peut éprouver, à celles surtout qui deviendroient dangereuses, si l'âme n'en étoit prévenue; car cette force vitale est l'agent essentiel qui veille à la conservation de l'animal. Remarquons, d'après cet exemple, qu'on ne doit jamais prononcer sur l'insensibilité d'un organe, sans avoir épuisé sur lui tous les moyens d'irritation. Or, comme le dit Grimaud, qui peut connoître tous ces moyens? Qui peut savoir tous ceux avec lesquels la sensibilité propr des diverses parties se trouve spécialemen en rapport?

CLXXXIV. C'est à ce mode de sensibilit des ligaments et des capsules fibreuses, qu'i faut attribuer principalement, 1° les douleur vives qui accompagnent la production de luxations; 2° celles plus cruelles encore qu l'on fait éprouver aux malades dans les exten sions propres à les réduire, surtout lorsque comme dans les anciennes luxations, on est obli gé d'employer des forces considérables; 3° le intolérables souffrances du supplice usité au trefois en certains pays. et qui consiste à arra cher, en les tirant à quatre chevaux, les mem bres du criminel. Dans tous ces cas, lorsqu les extensions commencent, elles sont insuffi santes pour porter leur influence sur la peau et les nerfs, toujours lâchement disposés au tour de l'articulation. Les ligaments seuls son tiraillés, et peuvent être le siége des douleurs mais si les extensions augmentent, tous les or ganes voisins de l'articulation concourent à le produire.

CLXXXV. C'est, sans doute, à l'insensibili té des membranes fibreuses pour un mod d'excitation, et à leur sensibilité pour un autr mode, qu'il faut encore rapporter les résultats contradictoires qu'ont offerts les expériences de Haller, de Zinn, de Zimmerman, de Walstorf, etc. d'un côté, de Lecat, de Lorri, de Benefeld, de Schlithing, etc. de l'autre côté, sur la membrane dure-mère (1).

CLXXXVI. Les forces toniques des membranes fibreuses deviennent très-manifestes, 1° dans l'érection de la verge, dont l'enveloppe se distend alternativement et se resserre, non par son élasticité et par l'effort mécanique du sang, mais, comme l'a observé Barthez, par une force qui lui est propre, et qu'elle reçoit du principe vital (2); 2° dans le retour de la sclérotique

---

(1) Les résultats contradictoires de la sensibilité des fibreuses existent dans la nature. J'ai souvent vu, par exemple, la dure-mère d'une sensibilité très-vive, particulièrement au voisinage des sinus, et qui contrastait avec l'insensibilité complète du cerveau, dont la surface est tout-à-fait insensible, comme l'a établi Haller.

(2) Il est au contraire hors de doute aujourd'hui que l'érection de la verge est un phénomène de circulation. La distension de la fibreuse dépend de l'effort du sang, et son retour sur elle-même de sa propre élasticité. (Voyez ma *Physiologie*, art. *Érection*, tom. II.)

sur elle-même, à la suite de la ponction à l'œi hydrophtalmique ; 3° dans les phénomène analogues que présentent le testicule lorsqu l'engorgement dont il avoit été le siége se ré sout, les capsules fibreuses lorsqu'on évacu la synovie dans les hydropisies articulaires, etc Je ne parle point ici de la prétendue contrac tilité attribuée par Baglivi à la dure-mère, de oscillations que Lacase y a supposées, et qu étoient nécessaires à son ingénieux système.

CLXXXVII. Les membranes fibreuses joui sent d'une extensibilité évidente pour la dur mère dans l'hydrocéphale; pour le périoste, dan le gonflement des os; pour les fibres ligamen teuses, dans la vacillation des symphyses pu bienne et ischio-sacrée; pour les aponévroses dans les engorgements divers des membres, e en général pour toute cette classe de membra nes, dans les diverses tuméfactions de leu organes respectifs. Lorsque le sac qu'elles for ment s'agrandit, ce n'est point, comme cel des membranes séreuses, par le développemen de leurs replis, mais par une extension réell par un allongement de leur tissu; et, ce q alors est remarquable, c'est qu'elles ne dim nuent point, qu'elles augmentent même d'épai seur. Cette observation est facile à vérifier su l'albuginée d'un testicule squirrheux, sur la sclérotique d'un œil affecté d'hydropisie, etc.; on diroit que l'extension devient une cause d'irritation, qui détermine sur ces membranes une nutrition plus active.

CLXXXVIII. Cette extensibilité des membranes fibreuses est soumise à une loi constante; elle ne peut s'opérer que d'une manière lente, graduée, insensible. Lorsqu'il se développe tout-à-coup dans les parties sous-jacentes une tuméfaction considérable, elles ne peuvent aussi subitement se distendre, et il survient alors ces étranglements si communs dans la pratique de la chirurgie, et qui ne résultent que d'un défaut de proportion entre l'extensibilité de l'organe cellulaire et celle des membranes fibreuses, l'une étant plus prompte, plus facile que l'autre à être mise en jeu.

§ VI. *Sympathies des membranes fibreuses.*

CLXXXIX. Les sympathies de la première classe, celles où, à l'occasion de l'irritation d'une partie, la sensibilité se développe dans une autre, sont remarquables sur les membranes fibreuses, 1° lorsque, dans les périostoses qui n'occupent qu'une petite surface, la totalité du périoste de l'os resté sain devier douloureuse; 2° lorsque, dans certaines ma ladies de l'articulation de la hanche, le ma lade éprouve, au genou qui est sain, une viv douleur; 3° lorsqu'à la suite d'une meurtris sure, d'une piqûre du périoste dans un poir quelconque, tout le membre devient doulou reux, etc., etc.

CXC. Les sympathies de la seconde classe que caractérise la contraction de certains mu cles par l'effet de l'irritation d'un organe élo gné, s'observent assez fréquemment dans le membranes fibreuses: 1° la piqûre du centi phrénique cause dans les muscles du visag une contraction d'où naît le rire sardonique 2° les déchirures des capsules fibreuses des a ticulations, la piqûre des aponévroses, la di tension des ligaments dans les luxations d pied, sont fréquemment accompagnées (mouvements spasmodiques dans les muscle des mâchoires, un tétanos très-caractérisé e est même souvent le résultat; 3° une esquil osseuse, fixée dans la dure-mère, a déte miné plusieurs fois des contractions convuls ves en diverses parties, etc., etc.

CXCI. Enfin, on trouve dans les membra nes fibreuses des sympathies de la troisièn

lasse, où, par l'irritation d'une partie, la toni-
ité d'une autre éprouve des changements re-
narquables, soit en plus, soit en moins. 1°. La
lure-mère étant enflammée, l'inflammation,
ju'accompagne toujours un excès des forces
oniques, se manifeste au péricrâne, souvent
ur la sclérotique, etc. 2°. L'irritation d'une
tendue un peu considérable du périoste aug-
nente manifestement les forces de l'organe
nédullaire, lorsqu'il devient le noyau d'un
s nouveau, etc., etc. Au reste, plusieurs des
hénomènes que je considère ici comme sym-
athiques, tiennent peut-être à un enchaîne-
nent de fonctions encore peu connu, enchaîne-
nent qui fait dépendre les affections d'un
rgane de celles d'un autre parfois très-éloi-
né. Avouons-le, le mot de *sympathie* est sou-
ent un voile à l'ignorance où nous sommes
les ressorts secrets que fait jouer la nature
our lier entre eux et coordonner les innom-
rables résultats qu'elle obtient d'un très-petit
ombre de causes (1).

---

(1) Cette réflexion de Bichat est d'une extrême
ustesse ; mais notre esprit a tant besoin d'expliquer,
le se rendre compte, ou, disons mieux, de s'abuser

§ VII. *Fonctions des membranes fibreuses.*

CXCII. Il est beaucoup plus difficile d'assi gner les usages généraux des membranes fi breuses, que ceux des précédentes, parc qu'elles n'ont point entre elles des rappor aussi directs, et que des différences plus ma quées en isolent les diverses espèces. Il fau donc considérer leurs fonctions dans les deu classes qui nous ont servi à les diviser.

CXCIII. Nous trouvons d'abord dans première les aponévroses. Celles d'envelopp 1° ajoutent au membre une solidité qu'il n pourroit emprunter de sa gaîne cutanée; 2° re tiennent les muscles dans leurs places respe tives, empêchent leur déplacement, leur fou nissent fréquemment des gaînes partielle comme on le voit au couturier; aussi, l'épai seur en densité des aponévroses est-elle pa tout en raison directe du nombre des mu cles. Celle du bras est mince; on trouve celle de la cuisse une remarquable épaisseu au contraire, assez peu prononcée à la jamb

---

lui-même, que bien peu de personnes peuvent s' vouer qu'elles ignorent quelque chose, et surto quelque chose qu'il serait très-utile de savoir.

urtout en arrière, elle l'est beaucoup à l'avant-
ras: 3° elles réfléchissent sur le membre le
nouvement, favorisent en dedans le glisse-
nent des muscles, au-dehors celui de la peau,
jui, dans les frottements qu'elle éprouve, se
léplace souvent; 4° elles déterminent la for-
ne extérieure du membre, qui varieroit sans
:esse, à cause de la laxité de l'organe cuta-
lé; 5° elles favorisent la circulation veineuse
ar la compression exercée sur les diverses
arties qui constituent le membre. Aussi, les
arices rares dans les veines profondes qui ac-
:ompagnent les artères, sont-elles extrême-
nent communes dans les superficielles, qui
e trouvent hors de l'influence de cette com-
ression, que l'art imite dans l'application des
andages serrés, etc.

CXCIV. Les usages des aponévroses d'insertion sont sensibles: par elles et par les
endons, la nature réunit dans un très-petit es-
ace des attaches charnues, qui sur l'os occu-
eroient une place trop considérable, et né-
:essiteroient une largeur qui gêneroit les mouvements.

CXCV. Je passe sur les fonctions des capsules articulaires et des gaînes tendineuses;
elles sont d'une évidence trop marquée. J'obser-

ve seulement, à l'égard des capsules, que leu entrelacement avec le périoste assure la soli dité de leur insertion, parce que, dans le efforts de traction qu'elles éprouvent, le mou vement se portant sur toute cette dernièr membrane, s'y perd en partie, et la déchi rure de l'attache fibreuse devient alors moin à craindre.

CXCVI. Les membranes fibreuses de la se conde classe, telles que le périoste, la sclé rotique, l'enveloppe caverneuse, etc., 1° garar tissent leurs organes respectifs de l'impres sion des parties voisines dans leur mouve ment, de celle des muscles spécialement, don le frottement pourroit leur devenir funeste 2° elles ont sur la nutrition de l'organe qu'elle recouvrent une influence essentielle, quoiqu nous ne connoissions point exactement le mod de cette influence, qui est surtout remarqua ble dans le périoste, par rapport à l'os; 3° leu vie, essentiellement liée à celle de l'orga ne, semble partout confondre ses phéno mènes avec ceux de la leur; ce qui fait qu'i est en général très-difficile de déterminer ce phénomènes avec précision. Voyez, au reste ce que j'ai dit, dans divers endroits de ce article, sur les usages de ces membranes.

§ VIII. *Remarques sur les affections des membranes fibreuses.*

CXCVII. N'y a-t-il pas une ligne de démar-
:ation réelle entre les phlegmasies des mem-
›ranes séreuses et celles des membranes fi-
›reuses? Peut-on rapporter à la même classe
es affections inflammatoires du périoste, des
:apsules articulaires d'une part, de la plèvre,
lu péritoine, etc., d'autre part? L'essentielle
lifférence qu'il y a, comme nous l'avons vu,
ntre les deux classes de membranes précé-
lentes, sous le rapport de l'organisation ex-
érieure, de la texture, des propriétés vita-
es, des fonctions, etc., ne doit-elle pas en
:tablir une entre leurs affections? S'il est vrai
[ue la différence des inflammations des mem-
›ranes muqueuses et des membranes séreu-
es repose sur leur diversité de structure,
›ourquoi, ici où cette diversité est aussi
›rononcée, n'auroit-elle pas la même in-
luence?

CXCVIII. On ne voit à la suite des inflammations du périoste, de la sclérotique, de l'enveloppe caverneuse, et autres membranes fibreuses, ni l'opacité, ni l'augmentation sensi-

ble d'épaisseur, ni les membranes fausses artificielles, ni les adhérences, ni l'épancl ment d'une sérosité trouble et lactescente, (accompagnent les diverses affections infla matoires des membranes séreuses : ces de inflammations peuvent-elles donc se resse bler par leur nature ?

CXCIX. N'a-t-on point attribué à certai membranes fibreuses des caractères morb ques qui appartiennent à des feuillets sére qui leur sont essentiellement adhérents ? Ai l'arachnoïde adhère intimement à la dure mè la tunique vaginale à l'albuginée, etc. N'a-t point, sous ce rapport, pris le change sur siége de l'inflammation, dans la frénésie sı tout ? Voyez ce que je dis là-dessus à l'aı cle *de l'Arachnoïde*. Il faudroit, je crois, soudre ces nombreuses questions, avant réunir dans la même classe les inflammati des membranes séreuses et fibreuses.

ARTICLE V.

Des Membranes composées.

CC. Nous venons d'examiner les membra simples, que l'on peut rapporter, dans l'éc nomie animale, à certaines classes générales. Souvent isolées, ces membranes se réunissent quelquefois, et de leur combinaison résultent des organes composés, qui prennent alors des caractères moyens à ceux de leur double base. En parcourant dans ses diverses parties cette combinaison, on y trouve des membranes, 1° *séro-fibreuses*, 2° *séro-muqueuses*, 3° *fibro-muqueuses*. Chacune va être l'objet de nos recherches.

§ Ier. *Membranes fibro-séreuses.*

CCI. Les membranes séreuses et fibreuses ont une tendance manifeste à adhérer ensemble; dans le plus grand nombre des cas où elles sont juxta-posées, elles présentent ce caractère: 1° l'arachnoïde se déploie, comme je le prouverai plus bas, sur toute la face interne de la dure-mère; 2° la tunique albuginée emprunte de la vaginale le feuillet qui lui donne cet aspect lisse et poli qu'on y remarque au-dehors; 3° la portion libre du péricarde est manifestement séreuse au-dedans et fibreuse au-dehors; des deux lames qui la forment, l'une se réfléchit sur l'origine des gros vaisseaux et sur le cœur, qu'elle embrasse; l'autre se c(tinue avec la tunique fibreuse de ces vaissea et se perd en s'identifiant avec elle; 4° tou les membranes synoviales sont tellement un et aux capsules articulaires, là où elles existe et aux gaînes fibreuses des tendons, que to séparation est presque impossible. C'est à membrane unique, assemblage de ces de lames distinctes, dans les exemples précéden que je donne le nom de *fibro-séreuse.*

CCII. Le développement de ces sortes membranes paroît souvent ne se manifes qu'avec l'âge. 1°. On sait que le péricarde, l chement uni, dans l'enfant, au centre fibre du diaphragme, lui devient, dans l'adult très-adhérent. 2°. Dans le fœtus de cinq à s mois, l'albuginée seule entoure immédiat ment le testicule; entre lui et la portion (péritoine qui dans la suite est destinée à form sa tunique vaginale, il existe un tissu lâcl qui leur permet facilement de glisser l'u sur l'autre. 3°. La dure-mère et l'arachnoïc peuvent facilement s'isoler dans le premier âg Le double feuillet du péricarde offre aussi quoique moins sensiblement, cette dispos tion.

CCIII. Ces variétés d'adhérences tiennent-elles à ce que, dans leurs mouvements, ces organes, comprimant sans cesse les surfaces voisines, les forcent enfin de s'unir? Est-ce à cette cause mécanique qu'il faut attribuer la formation des membranes séro-fibreuses? S'il en est ainsi, 1° pourquoi toutes les membranes ne se développent-elles pas de la même manière? Pourquoi certaines sont-elles aussi bien formées dans le fœtus que dans l'adulte? 2°. Pourquoi la plèvre n'est-elle pas intimement unie au périoste des côtes, quoiqu'il y ait ici compression habituelle de la part du poumon sur deux surfaces séreuse et fibreuse? 3°. Pourquoi les parties autres que les membranes fibreuses ne contractent-elles pas avec les séreuses une semblable union quand elles sont en contact avec elles, et exposées à être comprimées par des mouvements? etc., etc.

CCIV. Ces diverses considérations, jointes à celles que j'ai présentées plus haut sur la prétendue origine mécanique des membranes séreuses, me paroissent évidemment prouver que cette manière de concevoir les opérations de la nature n'est point celle qu'en effet elle adopte, et que ces idées, toutes empruntées des lois physiques, ne doivent servir de base à aucune explication physiologique (1). formation de ces membranes fibro-séreuses donc, comme celle de toutes les autres parti un résultat des lois organiques, aussi imm diat, aussi direct, que les adhérences cc tractées par le périoste sur l'os qu'il recc vre, et auquel il n'étoit, dans l'enfance, q très-foiblement uni.

CCV. Au reste, l'étroite connexion des me branes séreuses et fibreuses est souvent esse tielle aux fonctions de la partie. Sans elle, membrane synoviale, plissée, froissée dans violents mouvements des articulations, s'aff teroit bientôt, et gêneroit ces mouvements. général, on ne trouve d'étroites connexior et par conséquent de membranes séro-fibre ses, que dans tous les organes qui ne sont susceptibles d'une très-grande dilatation, co

---

(1) Cette assertion est beaucoup trop exclusi nous savons aujourd'hui qu'il y a un assez bon no bre de phénomènes de la vie qui s'expliquent p faitement par les lois physiques. Ce qu'il faut blâm et repousser, ce sont les mauvaises applications lois physiques aux phénomènes physiologiques. chat a complètement raison en repoussant l'expli tion de l'origine mécanique des membranes séreus

me le cerveau, le testicule, etc.; mais là où l'organe est sujet à des variétés de volume très-marquées, comme à l'estomac, à la vessie, à la matrice, etc., elles auroient empêché les divers déplacements que doit éprouver, comme il a été dit, la membrane séreuse, pour s'accommoder à ces variétés: aussi cette membrane est-elle alors partout lâchement fixée au moyen du tissu cellulaire.

§ II. *Membranes séro-muqueuses.*

CCVI. Il existe peu de membranes séro-muqueuses dans l'économie animale. Lorsque ces deux membranes simples concourent à la production d'un même organe, elles sont presque toujours séparées par une couche intermédiaire, ordinairement musculeuse, comme dans tout le conduit intestinal, dans la vessie, etc. La vésicule du fiel présente cependant à sa partie inférieure l'exemple d'une immédiate union. Mais, en général, jamais l'adhérence n'est tellement intime, que les propriétés ne restent distinctes. Ceci paroît tenir à ce que les membranes muqueuses, toutes cellulaires en dehors, du côté de leur chorion, ne sauroient offrir des points d'insertion et d'adhérence assez fixes aux membranes séreuses, qui

à leur tour, formées aussi de tissu cellulair
ne peuvent non plus servir d'appui ferme
résistant au chorion, qui tendroit à s'y fixe
Au contraire, les membranes fibreuses, d'u
tissu plus dense, plus serré, offrent aux deu
surfaces précédentes une base où elles se fixe
et s'unissent intimement, comme nous l'avo
vu dans les fibro-séreuses, et comme nou
allons le voir dans les membranes fibro-mu
queuses (1).

§ III. *Membranes fibro-muqueuses.*

CCVII. Ces sortes de membranes s'obse
vent, 1° dans les uretères formées par u
prolongement de la tunique fibreuse du rei
et par la continuité de la surface muqueu
de la vessie; 2° dans le conduit déférent, év
demment fibreux au-dehors et muqueux au
dedans; 3° la portion membraneuse de l'u
rètre présente une couche fibreuse, outre l
muqueuse, qui la constitue spécialement
4° quoiqu'en décrivant les membranes mu
queuses simples, j'aie beaucoup parlé de l
pituitaire et de ses prolongements dans le

(1) Il est évident, d'après les raisons même d
l'auteur, que ce genre de membranes n'existe pas.

sinus, il est très-probable cependant qu'elle est une membrane composée du périoste, là plus fin qu'ailleurs, et de la surface, organe immédiat de l'odorat. 5°. Il en est de même, sans doute, de la surface qui tapisse l'oreille interne. 6°. Les trompes de Fallope paroissent être organisées aussi à peu près de même.

CCVIII. Dans toutes ces parties, il y a une si immédiate adhérence entre la surface muqueuse et la surface fibreuse, qu'on ne peut les séparer. Dans toutes, la première est la plus importante; c'est celle sur laquelle se passent toutes les fonctions de la partie; l'autre ne lui est, pour ainsi dire, qu'accessoire, destinée seulement à lui fournir un solide appui, à ajouter à sa force, à sa résistance, etc.

ARTICLE VI.

Membranes non classées.

CCIX. Il y a plusieurs membranes que l'on ne peut rapporter à aucune des divisions précédentes, qui ne sauroient même faire partie d'une classification méthodique, soit parce que leur nature est ignorée, soit parce que, quoique très-connues, elles existent isolément, et sont seules de leur espèce.

CCX. Doit-on classer parmi les membra
fibreuses la tunique moyenne des artè
ou la rapporter aux organes musculai
La plupart des auteurs ont embrassé c
dernière opinion; mais on sera tenté, sinor
la rejeter, au moins de suspendre son ju
ment sur l'identité des fibres de cette tu
que avec les musculaires, si l'on consid
1° qu'elle n'a point l'extensibilité des m
cles, qui se distendent, en s'aplatissant san
rompre, lorsqu'ils sont soulevés par les
meurs sous-jacentes, tandis que bientôt ce
ci se déchire dans les poches anévrysmales,
elles sont tiraillées; 2° qu'elle n'a point ce
mollesse de tissu, cette souplesse, qui carac
risent la fibre charnue; qu'elle est au cont
re roide, dure, fragile même, si ce mot pe
voit s'appliquer à un corps mou; 3° que ce
tunique est coupée par un lien qui embra
et serre l'artère sur sa tunique celluleu
tandis qu'à un degré de constriction su
rieur et même immédiat, le muscle n'est po
divisé comme on peut le voir en étranglant p
une ligature serrée une portion du tube int
tinal: ce phénomène tient sans doute à la d
férence de tissu, dont nous venons de parle
4° que l'artère ne se contracte point sous l'i

pression des stimulants divers qui font entrer en action la fibre charnue pendant la vie, ou après la mort; 5° que l'action du muscle est soumise à l'influence nerveuse; que celle des artères en est indépendante, au moins dans nos expériences, comme l'ont prouvé une foule d'essais, avec des excitants chimiques ou mécaniques, et comme je m'en suis convaincu sur des chiens de grande taille, en armant de métaux et en mettant ensuite en communication la partie supérieure de la mésentérique, dépouillée du péritoine, pour laisser à nu le réseau nerveux qui l'embrasse, avec une partie sous-jacente de cette même artère, ou avec sa surface interne, ou encore avec la tunique fibreuse immédiatement isolée de son entrelacement nerveux.

CCXI. La remarquable contraction des artères, dont le calibre s'efface au-dessus des collatérales dans la guérison de certains anévrysmes, à la suite des amputations, dans les vaisseaux ombilicaux après la naissance, etc., prouve-t-elle une nature charnue? Non, sans doute; cela tient à une modification générale de la force tonique, en vertu de laquelle tous les organes tendent au resserrement et se resserrent en effet quand la cause qui les distendoit cesse d'exister. L'alvéole s'efface en resserrant, lorsque la dent est tombée. L régénéré qui contient un séquestre est tr distendu; qu'on enlève celui-ci, il dimin bien vîte. Le sinus maxillaire, énorméme tuméfié dans les fongus, les ozènes, repre son diamètre ordinaire, s'efface même lo qu'une opération méthodique a extirpé la t meur, ou donné issue au pus. Je pourrois ci pour chaque classe d'organes, de semblab exemples; mais ceux-ci suffisent, parce qu tirés des parties qui offrent le plus de ré stance, ils font concevoir aisément ce qui arri à celles qui en ont moins, comme dans les c verses cavités à la suite de l'évacuation des h dropisies, dans l'ouverture des dépôts situ loin des muscles, etc. (1).

CCXII. Rien encore n'est donc moins pro vé que la texture musculaire des artère excepté cependant dans l'origine de l'aorte,

---

(1) Toutes les raisons que vient de donner Bich sur la non-contractilité des artères, sont excellente et, en effet, la tunique moyenne des artères est si plement élastique, et cette propriété suffit pour re dre raison des fonctions des artères dans l'admirab phénomène de la circulation du sang.

la pulmonaire (1); peut-être pourrions-nous rapporter avec beaucoup plus de réalité leur tunique moyenne à la classe des membranes fibreuses, et il se pourroit très-bien que leur mouvement ne fût qu'un résultat, non de l'irritabilité, mais des forces toniques, plus prononcées ici qu'ailleurs : ce qui revient à ce mode particulier de force vitale, qui, comme l'a pensé un auteur, semble chez elles tenir le milieu entre l'irritabilité et l'élasticité.

CCXIII. Au reste, la tonicité et l'irritabilité sont absolument de même nature; leur différence ne consiste qu'en ce que les phénomènes de l'une sont insensibles, et que ceux de l'autre sont très-apparents; il n'y a entre elles aucune démarcation réelle; elles se succèdent et se confondent sans qu'on s'en aperçoive. C'est l'irritabilité qui préside à la circulation dans le cœur, c'est la tonicité qui en

(1) On sait aujourd'hui que dans les mammifères et les oiseaux, l'origine de l'artère pulmonaire et celle de l'aorte sont de même nature que le reste de ces vaisseaux, et par conséquent ne jouissent d'aucune contractilité musculaire, mais simplement d'élasticité. Il n'en est pas de même dans les reptiles, où le bulbe de l'aorte est contractile à la manière des muscles.

est le principe dans le système capillaire : tre ces deux extrêmes, on voit le mouven décroître peu à peu, à mesure que les vaisse se divisent, jusquà ce qu'enfin il cesse d' apparent. L'irritabilité est le maximum, tonicité le minimum de la motilité organic de ce mode de mouvement qui, consta ment soustrait à l'empire de la volonté, pré à tous les phénomènes digestif, circulatc nutritif, sécrétoire, absorbant, exhalant, e à tous ceux, en un mot, de la vie orga que, de la vie qui compose et décompose s cesse l'animal. L'une s'exerce sur les ma des fluides animaux, comme dans le cœ l'estomac, la vessie, les intestins; l'aut sur leurs molécules très-divisées, comme p dant l'absorption, la nutrition, la sécréti etc. Il ne faut donc point considérer d'u manière isolée ces deux forces, mais l comme s'enchaînant l'une à l'autre par u gradation insensible. Entre les muscles, si essentiel de l'irritabilité, et les glandes, ganes dont la tonicité est très-caractéris il est d'autres parties où le mouvement ti le milieu : c'est le dartos, le corps caverneux mamelon, etc. Il suit de tout cela que, po se décider sur le mode du mouvement des ères, il est inutile de disputer sur la texture les fibres de ces vaisseaux, puisque la nature n'a point exclusivement attribué aux muscles ce mode de mouvement.

CCXIV. Mon objet n'est point ici d'examiner la question tant agitée par Haller, Weitbrett, Lamure, Jadelot, etc., du mouvement pulsatoire des artères. J'indiquerai seulement deux expériences qui pourront servir à ceux que ce travail occupera encore. La première, c'est que j'ai remarqué en faisant, dans d'autres vues, la transfusion du sang artériel d'un animal dans le système veineux d'un autre, que, pendant que le cœur du premier pousse du sang rouge dans une veine du second, celle-ci présente, peu après le même mouvement ondulatoire, les mêmes vibrations que les artères exposées à nu, et dont la pulsation est alors, comme on le sait, moins facile à distinguer que dans l'état ordinaire, quoique cependant elle soit très-réelle. En touchant une autre artère et cette veine sans les regarder, il seroit très-difficile de les distinguer. Cette première expérience coïncide avec l'observation des mouvements d'ondulation qu'acquiert la veine dans l'anévrysme variqueux. J'obtiens encore le même effet en mettant en communication sur

le même animal, par un tube recourbé, l
tère carotide et la veine jugulaire. Il faut pı
dre l'un de ces vaisseaux à droite et l'aut
gauche; autrement, trop recourbé, le t
présenteroit un obstacle au sang (1). Le ré
tat de la seconde expérience est qu'en tra
fusant dans l'artère carotide d'un animal, et
côté opposé au cœur, le sang de la veine ju
laire d'un autre, le premier de ces vaisse
perd ses mouvements ondulatoires, et
la main qui le touche éprouve à peu p
la même sensation qu'en s'appliquant sur
veine.

CCXV. Ces deux observations, qui s
inverses l'une de l'autre, en nous montr
combien est grande l'influence du cœur
le mouvement artériel, dans les gros tro
surtout, prouvent que la force propre de
tunique moyenne des artères y offre à la

(1) Cela n'est point mécaniquement exact
courbure d'un semblable tube ne mettrait pc
sensiblement d'obstacle au cours d'un liquide qu
conque. Ainsi que la plupart des physiologistes de
époque, Bichat ne possédait pas les connaissances
mécanique nécessaires pour comprendre parfa
ment de semblables questions.

:ulation un secours actif moins puissant que ne l'ont prétendu certains auteurs, et que :e n'est que dans le système capillaire que 'influence des parois vasculaires sur le mou-'ement progressif du sang devient extrême-nent prononcée et cause essentielle de ce mou-'ement. Au reste, la première expérience est ›lus facile à exécuter que la seconde, qui ne éussit souvent qu'avec de grandes précautions, :t dans laquelle le sang passe difficilement de a veine dans l'artère (1).

CCXVI. Pour en revenir à la tunique arté-'ielle moyenne, suspendons notre jugement ur sa classification; abstenons-nous également le la placer parmi les muscles et les membra-1es fibreuses, jusqu'à ce que d'ultérieures :xpériences nous aient acquis le droit de pro-1oncer sur sa nature; car d'elle seule doi-'ent être empruntés, comme nous l'avons dit, es caractères des classes (2).

---

(1) Les parois des veines étant aussi très élasti-[ues, peuvent, si elles ne sont pas trop extensibles, emplacer les parois artérielles, et laisser produire e phénomène du pouls.

(2) Il n'y a plus à suspendre son jugement; au-ourd'hui il est clairement prouvé que les parois ar-

CCXVII. La même incertitude nous barrasse lorsque nous cherchons à classe membrane interne des vaisseaux. Sa natu encore peu connue, semble la dérober à to division méthodique. Voici à quoi se rédui sur elle nos connoissances anatomiques.

CCXVIII. Cette membrane, considérée d' manière générale, et comme formant d tous les vaisseaux qu'elle tapisse une surf continue, peut se rapporter à deux divisi principales : l'une correspond au sang noi à la lymphe, l'autre contient le sang rouge première commence dans les divisions ca laires du système veineux et absorbant, tap leurs innombrables ramifications, leurs meaux et leurs troncs, est continue dans t deux par l'ouverture, dans les veines so clavières du conduit thorachique, revêt l'or lette et le ventricule droits, l'artère pulmon et toutes ses divisions. La seconde a son gine dans le commencement des veines pul

---

térielles n'ont rien de musculaire, et que la tuni moyenne est formée d'un tissu particulier, non *tissu jaune ou élastique*, dont les propriétés ph ques et chimiques ont été parfaitement décrites M. Chevreul.

naires, les tapisse, ainsi que les oreillettes et le ventricule gauche, l'aorte, et ses branches incroyablement multipliées.

CCXIX. Ces deux surfaces communiquent sans doute à l'endroit où finissent les artères et commencent les veines; mais cela n'empêche pas qu'il n'y aît entre elles une ligne bien prononcée de démarcation, et qu'elles ne jouissent chacune d'un mode de sensibilité relative à l'espèce de sang avec laquelle elles sont en contact (1).

CCXX. Cette manière d'envisager la surface interne du système vasculaire, en nous y montrant deux portions bien distinctes, dont l'une transmet sans cesse aux poumons le sang et la lymphe de toutes les parties, et l'autre reporte à toutes les parties le sang élaboré dans le poumon, nous conduit à considérer cet organe comme l'aboutissant général de la circulation, comme étant, avec tout le reste du corps, dans une réciprocité d'action continuelle; lui seul correspond, sous ce rapport, à tous les

(1) Cette idée est purement conjecturale. Trop souvent Bichat s'est livré ainsi à son imagination, sans prendre la peine de vérifier ses aperçus par l'expérience.

organes, puisque tous lui envoient, qu'il e voie à tous l'aliment de la vie. La nature y cc centra l'une des limites de la circulation génér et distribua l'autre limite partout où il y exhalation, sécrétion et nutrition; car c'est en dernière analyse, les fonctions qui tern nent la circulation artérielle. Placé entre deux limites de la circulation, le cœur bala ce, fait osciller sans cesse le sang de l'une l'autre; et c'est, sous le rapport de cette po tion moyenne, qu'il mérite vraiment d'êt appelé le foyer de la circulation. En se repi sentant cette fonction sous l'idée vulgaire d'i cercle, on pourroit dire que l'un des poles dans le poumon, que l'autre se trouve da toutes les parties, et que le centre est cœur.

CCXXI. La membrane interne des vaissea est remarquable à sa surface externe, par u adhérence celluleuse avec la tunique moyenn que l'on rompt plus vite, et dont le tissu cè et se distend moins facilement que dans l autres organes. Quelquefois cette membra interne abandonne les autres tuniques, et en prunte des parties voisines une enveloppe trè résistante : ainsi arrivée vers le trou déchi postérieur, la jugulaire interne entre-croi es fibres extérieures avec le périoste du crâne, t envoie sa tunique interne au-dedans des si- ius, qu'elle tapisse, et avec les parois desquels lle forme une espèce de membrane compo- ée, dont la base fibreuse est empruntée de a dure-mère, et que l'on peut concevoir omme les membranes fibro-séreuses, fibro- nuqueuses, etc. Cette facilité de la tunique nterne des vaisseaux à s'unir avec la mem- rane fibreuse du crâne, ne pourroit-elle pas ournir un argument favorable à ceux qui roient que la tunique moyenne des artères st de la même nature que cette dernière classe le membranes?

CCXXII. En dedans, la membrane interne lu système vasculaire est sans cesse humectée l'un fluide muqueux, dont les sources sont ncore ignorées, et qui la garantit de l'impres- ion du sang, avec lequel elle est en contact. On onnoît les valvules nombreuses dont est parse- née, dans les veines et dans les lymphatiques, ette membrane interne.

CCXXIII. Quelle en est la nature? Nous avons sur elle aucune donnée. Moins ex- ensible qu'aucune des membranes déjà dé- rites, elle se rompt au moindre effort dirigé ur elle, comme on le voit dans l'anévrysme, dans les ligatures appliquées sur les artères fortement serrées. Son mode de sensibilité e encore peu connu. Il n'est point le même dai la portion qui correspond au sang rouge, qu dans celle en contact avec le sang noir, pui que celui-ci cesse d'être un excitant lorsqu arrive au ventricule gauche, qui, ne pouvai se contracter, détermine une stase sanguir dans le poumon, et par suite dans le systèn veineux (1).

CCXXIV. Ce mode de sensibilité n'entre-t pas pour beaucoup dans la cause de la mo qui est l'effet subit de l'introduction d'un fluic aériforme, ou autre, dans les vaisseaux d'u animal? Cette expérience, très-souvent répét

---

(1) La nécessité d'un excitant pour que le cœur contracte, n'est rien moins que prouvée; on voit c organe dans les expériences se contracter à vide dura des heures entières. Dans les compressions des hém sphères du cerveau, la respiration ne se fait que d'ui manière très-incomplète, et le sang circule noir pe dant plusieurs jours; donc le sang noir n'excite pas contraction du ventricule gauche. On peut en acqu rir la preuve dans toutes les hémorrhagies cérébral qui compriment les deux hémisphères du cerveau en ouvrant l'artère temporale le sang coule noir.

dans le système veineux, n'a point encore, je crois, été tentée sur le système artériel : c'est ce qui m'a déterminé à voir si le résultat seroit le même. J'ai poussé plusieurs fois dans la carotide d'un chien de l'eau fortement teinte en bleu du côté du cerveau (1); l'animal est mort au bout de deux minutes, en poussant des cris douloureux. Le cerveau, examiné à l'instant, ne m'a offert que quelques petits vaisseaux capillaires injectés çà et là et colorés par le fluide étranger, dont la plus grande partie étoit sans doute parvenue déjà au cœur en suivant le cours de la circulation. La même expérience, faite avec de l'eau pure, chargée d'une substance étrangère, n'est pas subitement mortelle.

CCXXV. J'ai observé, à cet égard, qu'il est presque impossible de souffler de l'air avec

(1) L'eau fortement teinte en bleu dont s'est servi Bichat, était sans doute une suspension d'indigo. Or les globules de cette substance broyée, plus gros que ceux du sang, auront beaucoup bouché les petits vaisseaux, arrêté la circulation et causé la mort. La même chose serait sans doute arrivée si Bichat eût employé un liquide visqueux, tel que l'huile, ou simplement du mercure.

la bouche dans l'artère armée d'un tul comme on le fait dans les veines, en le po sant même suivant le cours naturel du sa Lorsqu'une artère est coupée en travers, s'établit, si je puis m'exprimer ainsi, dans partie qui ne tient pas au cœur, un mou ment antipéristaltique, lequel fait jaillir sang avec une force qu'on ne peut surmon par les plus grands efforts de l'expiration, qui, malgré eux, vous remplit la bouche ce fluide. Il faut nécessairement adapter tube fixé dans l'artère celui d'une seringu au moyen de laquelle on pousse avec fo l'injection (1). Cette observation confirme

(1) Si Bichat eût mieux connu le mécanisme de circulation du sang, il n'aurait point attribué à mouvement antipéristaltique des artères le phénom ne dont il parle. Dans ce cas, l'influence du cœur le cours rétrograde du sang, par le bout le plus é gné du cœur de l'artère coupée, se fait sentir, soit moyen des anastomoses volumineuses, et alors il p y avoir saccade dans le jet du sang, ou pulsation l'artère est simplement liée, soit au moyen des c pillaires, et alors l'écoulement du sang est unifor comme le cours du sang dans les très-petits va seaux.

écessité, déjà plusieurs fois prouvée par l'ex-érience, de lier l'artère en haut et en bas de on ouverture, dans l'opération de l'anévrysme.

CCXXVI. Il seroit tout aussi difficile de dé-erminer le mode de tonicité de la surface in-erne du système vasculaire, que son mode e sensibilité; mais l'existence de cette pro-riété est irrévocablement prouvée dans les etits vaisseaux, où la circulation, presque ıdépendante du cœur, ne présente qu'un ıouvement oscillatoire, qui est souvent oppo-é à celui de la circulation générale, duquel n peut à son gré changer la direction par application des stimulants, comme l'ont prou-é les expériences de Haller, de Spallanzani, tc., et auquel évidemment président seules es formes toniques.

CCXXVII. Les fonctions de cette membra-e sont de former à l'artère une espèce d'épi-erme qui la garantit de l'impression du sang, omme celle des membranes muqueuses les rotége contre les substances hétérogènes avec esquelles elles sont en contact, de favoriser ar son poli le cours de ce fluide, etc.

CCXXVIII. Outre les membranes qui con-ourent à former le système vasculaire, il n est plusieurs autres dont la nature, également ignorée, ne permet pas de les ranger da une classification générale : telle est celle q tapisse le canal médullaire des os, et form par ses replis, l'organe où s'exhale, séjour et s'absorbe la moelle; telles sont l'iris (1), choroïde, remarquables, l'une par un mo de mouvement qui semble faire exception a lois générales, l'autre par l'humeur noirâ qui l'enduit et dont on ignore la source.

CCXXIX. Enfin, quoique parfaitement co nues, certaines membranes ne peuvent êt classées, parce qu'elles existent seules de le espèce : telles sont la rétine, épanouisseme manifeste du nerf optique; la pie-mère, q résulte d'une très-grande quantité de vaissea ramifiés à l'infini sur la face externe du ce veau, et unis les uns aux autres par un tis cellulaire lâche, qui ne contient jamais graisse, et qui devient le siége fréquent c infiltrations séreuses, etc.

---

(1) L'iris est très-probablement un muscle; choroïde est un lacis vasculaire analogue à la pi mière, et la matière noire du sang exhalé par choroïde.

ARTICLE VII.

Des Membranes contre nature.

CCXXX. Après avoir embrassé d'un coup d'œil général les diverses membranes naturellement développées dans l'économie organique, celles qui concourent aux fonctions de l'animal, soit en faisant partie des organes qui sont le siége de ces fonctions, soit en remplissant des usages isolés, il nous reste à examiner les membranes que l'état morbifique produit accidentellement, et parmi lesquelles on distingue, 1° les kystes, espèce d'organes membraneux, qui contiennent tantôt une humeur séreuse, comme dans les hydropisies enkystées, etc., tantôt un fluide plus ou moins altéré et différent de ceux qui sont naturels, comme dans le stéatôme, etc., etc.; 2° la pellicule qui forme la cicatrice dans les déperditions de substances de la peau et des autres organes, etc. Ces deux membranes contre nature vont nous occuper.

§ Ier. *Des Kystes.*

CCXXXI. Quoique les diverses cavités membraneuses des hydropisies enkystées, des hydatides, du stéatôme, du méliceris, de l'ath rome, etc., etc., diffèrent les unes des autr par divers attributs organiques, que lei densité et leur épaisseur varient; cependa assez de caractères leur sont communs poi pouvoir les rapporter toutes à la même class or, en examinant ces caractères commun on voit qu'ils ont, avec ceux des membr nes séreuses, une si exacte analogie, que l' seroit presque tenté, sans le mode de dévelo pement de ces membranes, de les confond avec ces dernières. Voici quelles sont ces an logies, que l'on concevra sans peine, si l'on rappelle les caractères qui distinguent les me branes séreuses.

CCXXXII. Analogie de conformation. I kystes forment tous des espèces de sacs sa ouverture, renfermant le fluide qui s'en e hale, ayant une face lisse, polie, contigu ce fluide, une autre inégale, floconneuse, cc tinue au tissu cellulaire voisin, etc.

CCXXXIII. Analogie de structure. Toujou formés d'un seul feuillet, comme les me branes séreuses, les kystes ont tous, com elles, une texture cellulaire que prouvent macération et l'insufflation. Aussi naissent-constamment au milieu de l'organe cellulai rdinairement là où il est le plus abondant. 'eu de vaisseaux sanguins les pénètrent ; le ystème exhalant y est très-caractérisé.

CCXXXIV. Analogie des propriétés vitales. iensibilité de relation nulle dans l'état ordiaire, très-prononcée dans l'inflammation ; ensibilité organique toujours très-manifeste ; nicité que caractérise une contraction lente t graduée, à la suite de l'évacuation articielle ou naturelle des fluides contenus, tc., voilà les caractères des kystes ; ce sont ussi, comme nous l'avons vu, ceux des memranes séreuses.

CCXXXV. Analogie des fonctions. Les kyses sont évidemment l'organe sécrétoire, ou lutôt exhalatoire du fluide qui est contenu. 'exhalation y devient surtout très-caractériée quand, à la suite de l'évacuation de ces uides, on n'a pas soin d'emporter la memrane, ou d'y exciter une inflammation arficielle. L'absorption s'y manifeste dans la uérison spontanée des hydropisies enkystées, uérison à laquelle peut seule concourir cette nction,

CCXXXVI. Analogie d'affections. Qui ne sait u'entre l'hydropisie de la tunique vaginale et hydropisie enkystée du cordon il y a la plus grande analogie, que les moyens curatifs s les mêmes, que les accidents ne diffèrent po que dans toutes deux l'inflammation qu fait naître par l'injection d'un fluide étr ger, du vin, par exemple, est de même natu et détermine par un semblable mécanism guérison? Qu'on ouvre deux cadavres attaq chacun d'une de ces affections, que l'on co pare ensuite l'état des deux poches où le flu est amassé, l'aspect est exactement le mêr ôtez du kyste du méliceris le fluide qui y contenu, vous ne trouverez que peu de di rence entre lui, les kystes hydropiques et membranes séreuses.

CCXXXVII. Les considérations précéder nous mènent à établir une parfaite resse blance entre les kystes et les membranes reuses, dont ils partagent tous les caractèr et dans le système desquelles ils entrent ess tiellement. Il est très-probable qu'il y a r port entre les unes et les autres, et que qua un kyste se développe et fournit une ab dante exhalation, l'exhalation des membra séreuses diminue: au reste, ceci n'est po appuyé sur des preuves directes.

CCXXXVIII. Il se présente ici une quest essentielle, celle de savoir comment se dé ɔppent les kystes, comment une membrane ui n'existe point dans l'état naturel, peut aître, croître, et même acquérir un développement très-considérable en certaines circonstances. On résout communément ce problème e la manière suivante : il s'amasse d'abord un eu de fluide dans une cellule du tissu celluire; la quantité de ce fluide augmente, dilate ans tous les sens la cellule, dont les parois collent aux cellules voisines, et augmentent insi d'épaisseur. Peu à peu le fluide, séreux ans les hydropisies, blanchâtre et épais dans stéatôme, etc., augmente en quantité, presse n tous sens la poche qui le renferme, l'agranit, la comprime contre les organes voisins, t lui donne la forme sous laquelle elle s'offre nous. Rien de plus simple, au premier coup 'œil, que cette explication mécanique; cepenant, rien de moins conforme aux procédés e la nature. Les considérations suivantes seriront à le prouver.

CCXXXIX. 1°. Les kystes sont analogues, ous tous les rapports, aux membranes séreues; comment donc auroient-ils un mode diférent d'origine que ces membranes, lesquelles e se forment jamais, comme nous l'avons vu, ɔar la compression du tissu cellulaire? 2°. Une

origine aussi mécanique, où tous les vaisseau
pressés les uns contre les autres, doivent in
vitablement s'oblitérer, ainsi qu'on le voit si
la peau devenue calleuse, s'accorde-t-elle av
les propriétés vitales, avec la fonction exhal
toire et absorbante des kystes, avec leur mo
particulier d'inflammation? 3°. Comment,
les cellules, appliquées et collées les unes au
autres, forment ces sacs contre nature,
tissu cellulaire voisin ne diminue-t-il pas,
disparoît-il pas même lorsqu'ils acquière
beaucoup de volume? 4°. Comment leurs p
rois ne sont-elles pas plus épaisses aux endroi
de leur surface, où des points d'appui osseu
facilitent davantage la compression de l'org
ne cellulaire? 5°. Si, d'un côté, les kystes
forment par la dilatation que le fluide qu'
renferment exerce sur le tissu cellulaire; s
d'un autre côté, il est vrai, comme on n'
peut pas douter, que ce fluide soit exhalé p
eux, il faut donc dire que le fluide préexis
à l'organe qui le sépare du sang. J'aimer
presque autant assurer que la salive préexis
à la parotide, etc.

CCXL. Je crois que la conséquence imm
diate des réflexions précédentes, c'est que l'e
plication commune de la formation des kyst

est essentiellement contraire à la marche générale que suit la nature dans ses opérations. Comment donc naissent et croissent ces sortes de poches? comme toutes les tumeurs que nous voyons végéter au-dehors ou se manifester au-dedans; car il n'y a pour ainsi dire de différence entre ces deux sortes de productions contre nature, que dans la forme que chacune affecte. La plupart des tumeurs rejettent par leur surface extérieure le fluide qui s'y sépare. Le kyste, au contraire, exhale ce fluide par sa surface interne, et le conserve dans sa cavité. Supposez une tumeur fongueuse en suppuration, se transformant tout-à-coup en cavité, et la suppuration se transportant de la surface externe sur les parois de cette cavité, ce sera un kyste. Réciproquement, supposez un kyste superficiel dont la cavité s'oblitère, et dont le fluide s'exhale à sa face externe, vous aurez une tumeur en suppuration.

CCXLI. Puis donc que la forme seule établit une différence entre les tumeurs et les kystes, pourquoi la formation de ceux-ci ne seroit-elle pas analogue à celle des premiers? Or, a-t-on jamais imaginé d'attribuer à la compression la formation des tumeurs extérieures ou intérieures? Il faut donc concevoir la productic des kystes de la manière suivante : ils comme cent d'abord par se développer et par croît au milieu de l'organe cellulaire par des lc très-analogues à celles de l'accroissement g néral de nos parties, et qui semblent être d aberrations, des applications non naturelles ces lois fondamentales que nous ne connoisso point. Quand le kyste est une fois cara térisé, l'exhalation commence à s'y op rer; d'abord peu abondante, elle augmer ensuite à mesure qu'il fait plus de progr L'accroissement de l'organe exhalant précè donc toujours l'augmentation du fluide exh lé, de même que, toutes choses égales d'a leurs, la quantité de la suppuration d'une t meur est en raison directe de son volume.

CCXLII. Cette manière de concevoir la fc mation des kystes me paroît bien plus confc me aux lois de la nature que celle préc demment exposée. Mais il resteroit à déte miner le mécanisme précis d'origine d'accroissement des kystes, et par conséque de toutes les tumeurs. Arrêtons-nous là commencent les causes premières. Conno ons-nous le mécanisme de l'accroisseme naturel de nos divers organes? Pourquoi vc loir deviner celui des productions contre nature qui s'y développe, lequel sans doute, comme je viens de le dire, tient aux mêmes lois? C'est beaucoup, dans l'économie organique, d'indiquer des analogies, de montrer l'uniformité d'un phénomène inconnu avec un autre, sur lequel tout le monde est d'accord. On auroit beaucoup fait, je crois, pour la science, si dans toutes ses branches on démontroit ce principe qui repose déjà sur un si grand nombre de faits; savoir, que la nature, avare de moyens, est prodigue de résultats; qu'un petit nombre de causes président partout à une multitude de faits, et que la plupart de ceux sur lesquels on est incertain tiennent aux mêmes principes que plusieurs autres qui nous paroissent évidents.

§ II. *Membranes des cicatrices.*

CCXLIII. Mon objet n'est point ici de considérer les cicatrices dans les divers organes, de suivre les phénomènes de la réunion des os, des muscles des tendons. Ce travail, ébauché sur quelques points, à peine commencé sur le plus grand nombre, m'entraîneroit dans des recherches étrangères à un Traité des membranes, où doit seulement se trouver l'histoi de cette pellicule mince qui remplace, da les plaies avec perte de substance, la porti de peau enlevée.

CCXLIV. Toute plaie qui parcourt ses p riodes ordinaires présente, entre l'époque sa formation et celle de sa cicatrisation, l phénomènes suivants: 1° elle s'enflamme; 2° d bourgeons charnus se développent sur sa su face; 3° elle suppure; 4° elle s'affaisse; 5° e se recouvre d'une pellicule mince, rouge d' bord, mais qui devient ensuite blanchât Parcourons successivement ces diverses p riodes.

CCXLV. Le temps de l'inflammation cor mence à l'instant où la plaie est faite; il le prompt résultat de l'irritation qu'a cau l'instrument, de celle que détermine le conta de l'air, des pièces d'appareil ou des obje environnants. Jusqu'alors à l'abri de ce co tact, la plupart des parties comprises dans solution de continuité ne jouissoient que la sensibilité organique, que de celle en ver de laquelle chaque organe se nourrit, s'a proprie les sucs et les rejette ensuite. Mais dè lors ces mêmes parties, concourant à form la surface du corps, doivent jouir de la sens bilité de relation, de celle qui transmet au cerveau les impressions reçues, et qui est si développée sur l'organe cutané. Or, j'ai prouvé plus haut que l'effet de l'inflammation sur tous les organes vulgairement appelés insensibles est de transformer en eux la sensibilité organique, qui est leur seul partage, en sensibilité de relation, dont ils sont privés dans l'état naturel. C'est là sans doute le premier avantage de ce temps de la cicatrisation des plaies.

CCXLVI. Un autre avantage de l'inflammation dans le commencement des solutions de continuité, c'est de les disposer au développement des bourgeons charnus. On observe en effet que ce développement est en général en raison du surcroît des forces et d'action qu'imprime aux parties l'état inflammatoire. Alors chaque portion des organes divisés prend une vie nouvelle, se pénètre de plus de sensibilité et de tonicité, s'élève à une température supérieure, devient le centre d'un petit système circulatoire, indépendant de celui du cœur (1). C'est au milieu de ce déploiement de forces que naissent et croissent les bourgeons char-

(1) Il aurait été difficile à Bichat de prouver cette assertion.

nus, pour la production desquels les forc naturelles auroient été insuffisantes. De là pâleur, la flaccidité de ces productions, lorsqı ces diverses conditions s'affoiblissent ou cesser

CCXLVII. Ce second temps de la formati des cicatrices, où le développement des bou geons charnus présente les phénomènes su vants : de petits corps rougeâtres s'élèvent et là en forme de tubercules inégaux et irr gulièrement disposés. D'abord plus ou moi éloignés, ils se rapprochent et s'unissent ; d adhérences s'établissent entre eux, et bient il en résulte à leur superficie une membra mince, partout continue, d'une étendue ég à celle de la plaie, recouvrant exactement sans interruption les parties sous-jacentes, leur formant une enveloppe nouvelle.

CCXLVIII. Cette enveloppe n'est point e core la cicatrice, qui doit être par la suite i finiment plus rétrécie; c'est, pour ainsi di un épiderme provisoire, destiné à garantir partie pendant le travail que prépare et for cette cicatrice. Il ne diffère des membrai ordinaires qu'en ce que celles-ci sont lisses partout uniformes, tandis que les bourgec produisent ici une surface inégale et raboteu Cette inégalité des bourgeons et leur isolem apparent semblent d'abord s'opposer à cette manière de concevoir le premier état des cicatrices; mais l'expérience suivante ne laisse là-dessus aucun doute. Faites une large plaie sur l'animal; laissez-lui parcourir ses deux premières périodes; tuez ensuite l'animal, enlevez la portion de chairs sur laquelle se sont développés les bourgeons; distendez-la du côté opposé, par un corps saillant, et de manière à ce que la surface bourgeonnée devienne très-convexe, de concave qu'elle étoit: les tubercules s'effacent alors; la pellicule tiraillée devient partout très-sensible; on la prendroit pour une membrane séreuse enflammée. La simple dissection peut aussi démontrer cet état des parties.

CCXLIX. Il suit de là que dès que les bourgeons sont réunis, tout accès à l'air sur la plaie se trouve fermé, et que ce qu'on dit communément du contact de ce fluide est inexact et contraire aux dispositions de la nature, qui sait, mieux que nous ne pouvons le faire par nos appareils, mettre à l'abri la partie divisée, pendant le temps que se prépare et s'opère le travail de la cicatrice.

CCL. Lorsqu'on pousse ses recherches au-dessous de cette pellicule provisoire, on trouve les bourgeons formés de cellules remplies d'une substance blanchâtre, épaisse, comme lardacée, et qu'il seroit bien essentiel de soumettre à l'analyse. Cette substance ferme tout accès aux fluides étrangers qui tendroient à pénétrer dans les cellules, lesquelles ne peuvent être bien distinguées que par la macération. Quand on souffle de l'air dans le tissu cellulaire d'un animal sur lequel on a fait depuis quelques jours une plaie, ces cellules ne se soulèvent point; les bourgeons restent les mêmes au milieu du boursoufflement général du tissu cellulaire. J'ai plusieurs fois fait cette expérience, soit pendant la vie, soit après la mort de l'animal.

CCLI. Quelle est la nature de ces bourgeons charnus? Les considérations suivantes prouvent qu'ils appartiennent essentiellement à l'organe cellulaire. 1°. Là où cet organe est le plus prononcé, comme aux joues, etc., les bourgeons charnus sont plus faciles à naître et les plaies plus promptes à se cicatriser. 2°. Trop dénudée de tissu cellulaire, la peau se recouvre difficilement de ces sortes de productions, et se recolle avec peine aux parties voisines : de là le précepte de ménager ce tissu dans la dissection des tumeurs. 3°. La macé ration ramène toujours à cette première base les surfaces des plaies, quand on y expose un cadavre qui s'en trouve affecté. 4°. La nature de ces bourgeons est partout la même, quelle que soit la diversité de l'organe qui les produit, que ce soient un muscle, un cartilage, la peau, etc.; donc ils sont l'expansion, la production d'un organe qui se rencontre dans tous les autres: or, cet organe commun à tous, base générale de toute partie organisée, c'est le tissu cellulaire.

CCLII. Les vaisseaux sanguins de l'organe s'allongent-ils, se développent-ils en vaisseaux capillaires sur la plaie que recouvrent des bourgeons? Je crois que la rougeur de ces productions tient moins à cette cause, qu'au passage du sang dans les exhalants et les absorbants de la portion de tissu cellulaire qui les a formées par son développement. Voici les considérations qui me le persuadent: 1° le tissu cellulaire paroît n'être qu'un entrelacement d'absorbants et d'exhalants; or, il se trouve ici tellement gorgé de sang, que nécessairement ce fluide a dû passer dans ces deux genres de vaisseaux. 2°. Il y a une analogie complète entre les membranes séreuses enflammées et la pellicule rouge qui recouvre et forme en partie les bourgeons, sous les rapports de la cou leur, du mode de sensibilité, de la textur cellulaire, etc. Or, l'absorption contre natur des globules sanguins paroît principalemen colorer les surfaces séreuses enflammées, d'a près les observations modernes, etc. 3°. Cett rougeur n'est que dépendante de l'inflamma tion; elle cesse avec elle et la cicatrice blanchit donc c'est un état contre nature, et non le dé veloppement organique d'un ordre de vais seaux qui ne devroient pas s'oblitérer, s'ils s formoient une fois. 4°. Comment le systèm sanguin peut-il s'étendre, se déployer en ré seau là où primitivement il n'existe pas, comm sur les tendons, les cartilages, etc.? Or, cepen dant on voit naître aussi sur ces organes de bourgeons rougeâtres, etc. Au reste, je propos ces réflexions sans y ajouter une importanc plus grande qu'elles n'en méritent; mais quell que soit l'influence du système sanguin dan la formation des bourgeons charnus, ils son évidemment dus en grande partie au dévelop pement de l'organe cellulaire.

CCLIII. Voici donc ce qui arrive dans l second temps de la cicatrisation des plaies le tissu cellulaire, en vertu de l'accroissemen de forces qui s'est développé dans la premièr période, s'élève en vésicules irrégulièrement disposées, qui se remplissent d'une substance blanchâtre peu commune, s'unissent à leur superficie, et forment ainsi la première pellicule. Mais comment cette première pellicule se transforme-t-elle en celle de la cicatrice? Suivons la marche de la nature; nous la verrons, avant d'arriver à ce temps, passer par ceux de suppuration et d'affaissement.

CCLIV. Le temps de suppuration n'existe point dans la cicatrice des os, dans celle des cartilages rompus, des muscles déchirés, etc., et en général dans la réunion de tous les organes divisés, sans plaie extérieure. Il faut donc démontrer d'abord quel rapport se trouve ici entre ces cicatrices internes et celles des téguments extérieurs; car un principe uniforme préside à toutes les opérations de la nature, quoiqu'elles paroissent diverses en apparence.

CCLV. Lorsqu'un os est divisé, les deux premières périodes de sa réunion sont les mêmes que celles des cicatrices extérieures. Les bouts s'enflamment, puis se couvrent de bourgeons charnus. Dans le troisième temps, ces bourgeons, préliminairement réunis, deviennent une espèce d'organe sécrétoire ou plutôt exhalant, qui sépare d'abord de la gélatine dor il s'encroûte, ce qui donne au cal une natur cartilagineuse, puis du phosphate calcaire, c qui complète la disposition osseuse. Dans l cicatrice des cartilages, la gélatine seule es exhalée dans les bourgeons charnus; dans cel des muscles, c'est la fibrine; en un mot, l tissu cellulaire est la base commune de tout les cicatrices des organes intérieurs, puisqu sur tous les bourgeons charnus sont les même elles se ressemblent toutes par cette base. C qui établit entre elles une différence, c'est matière qui se sépare et qui reste dans le tiss cellulaire; cette matière est en général la mên que celle qui sert à la nutrition de l'organ que celle qui y est habituellement apportée exportée par le travail de cette fonction. Or comme chaque organe de ce système différer a sa matière nutritive propre, chacun a so mode particulier de réunion. Nous connoîtrion les cicatrices des différents organes tout aus bien que celle des os, si les substances q nourrissent ces organes nous étoient aussi con nues que la gélatine et le phosphate calcair Le mode de développement des cicatrices in térieures est en général analogue à celui de nutrition, ou plutôt il est le même, avec seule différence, que le tissu cellulaire, s'élevant en bourgeons irréguliers sur les surfaces divisées, ne fournit point à la cicatrice une base moulée sur la forme primitive de l'organe. De là l'inégalité du cal, etc.

CCLVI. Voilà donc en général ce qui se passe dans le troisième temps des cicatrices des organes internes. A l'extérieur, il se manifeste des phénomènes à peu près analogues. La membrane qui recouvre les bourgeons charnus devient aussi une espèce d'organe exhalant qui sépare du sang un fluide blanchâtre, qu'on appelle *le pus;* mais il y a cette différence, qu'au lieu de rester dans le tissu des bourgeons, de pénétrer, d'encroûter ce tissu, comme le tissu, comme le phosphate calcaire et la gélatine dans les os, la fibrine dans les muscles, etc., il est rejeté au-dehors et devient étranger à la réunion : en sorte que dans les cicatrices internes il y a exhalation, puis encroûtement du fluide séparé, et dans les cicatrices extérieures exhalation, puis excrétion de ce fluide.

CCLVII. Au reste, une plaie extérieure qui suppure me paroît ressembler en tout aux surfaces séreuses lorsqu'elles se recouvrent, à la suite de leur inflammation, d'une exsudation purulente. La pellicule mince qui tapis les bourgeons charnus est en effet, comme l'ai observé, de même nature que la plèvre le péritoine enflammés, c'est-à-dire essenti lement cellulaire. L'organe de la sécrétion plutôt de l'exhalation du pus est dans l'un l'autre cas membraneux et parfaitement sei blable. Le mécanisme de l'exhalation du p sur la membrane préliminaire des cicatri extérieures, me paroît avoir aussi beauco d'analogie avec celui de l'exhalation des fluic stéatômateux, qui s'opère dans les kystes

CCLVIII. Passons au quatrième temps c cicatrices extérieures, à celui de l'affaisseme La suppuration épuise peu à peu cette su stance blanchâtre qui remplit les cellules c bourgeons. Alors ces cellules, d'abord tr gonflées, diminuent insensiblement de vol me; elles s'affaissent; la pellicule mince c s'étoit déployée sur elles est moins tendue; même temps les bords de la division ne sc plus autant tuméfiés; il se dépriment; la ca té de la plaie s'efface; le fond se met au i veau de la circonférence; un pus moins abc dant s'en écoule, il est plus louable, bien la source en est presque tarie.

CCLIX. Je crois qu'à cette époque des plaies nos pansements sont en général plus nuisibles qu'utiles; ils fixent sur les parties divisées une cause d'irritation qui y entretient un développement de forces vitales très-propre à entretenir la suppuration, tandis que, dans l'ordre naturel, l'équilibre ordinaire des forces tend à se rétablir et à la faire cesser. Telle est en effet la révolution qui s'opère dans toute plaie dont la guérison suit les périodes fixées par la nature. 1°. Les forces vitales s'exaltent d'abord par l'inflammation au-delà des bornes qui les circonscrivent dans l'état naturel de l'organe divisé; 2° elles restent stationnaires à ce degré pendant la suppuration; 3° elles diminuent peu à peu, et rentrent enfin dans leurs limites à l'époque de l'affaissement. Or, si vous les excitez alors par l'application d'un irritant quelconque, de la charpie, des médicaments, par exemple, vous empêchez leur décroissement, et la suppuration s'entretient par elles. J'ai déjà plusieurs observations de malades où une prompte cicatrice a été le résultat de l'exposition des plaies à l'air pendant ce dernier temps. Je puis assurer aussi que de deux plaies faites sur le même chien, ou sur deux chiens différents, et do l'une reste à nu, tandis qu'on panse l'autr sur la fin de la cicatrisation, la première guérit bien plus vîte que la seconde. Je sa que l'analogie est toujours un guide infidèl mais au moins peut-elle servir à quelqu inductions éloignées.

CCLX. Le dernier temps de la cicatrisati des plaies est la formation de cette pellicu mince qui remplace en partie les chairs e levées; voici comment elle est produite: suppuration a épuisé en entier toute la su stance qui infiltroit les cellules des bourgeon ces cellules, vides alors, s'affaissent, s'app quent les unes aux autres, et adhèrent ent elles par un mécanisme analogue à celui d adhérences si fréquemment observées dans l membranes séreuses; car chaque cavité l'organe cellulaire est en petit ce que so en grand les diverses poches séreuses.

CCLXI. De ces adhérences des cellules r sultent divers phénomènes. Tous les tuberc les charnus disparoissent, et une surface ur forme les remplace. Cette surface est une mer brane très-mince, parce que l'épaisseur d bourgeons dépendoit, non des cellules, ma le la substance qui les pénétroit, et qui, ayant ılors disparu par la suppuration, les laisse outes seules. Cette membrane offre infiniment noins de largeur que la pellicule primitive jui recouvroit les bourgeons, parce qu'en 'évacuant les cellules sont revenues peu à peu ur elles-mêmes en vertu de leurs forces toniques, à peu près comme quand on donne issue ıux fluides des cavités séreuses, elles se resserrent et prennent une étendue infiniment noindre que celle qu'elles avoient pendant eur distension. Ce retour des cellules sur ellesnêmes, rétrécissant dans tous les sens leur liamètre, elles tiraillent de la circonférence au entre les bords de la division; ceux-ci se rapprochent, la largeur de la plaie diminue; les nêmes bourgeons, qui dans le commencement occupoient souvent un espace d'un demi-pied le diamètre, comme, par exemple, dans l'opération du cancer, se trouvent alors condensés lans une surface d'un pouce ou deux : en se rapprochant ainsi, leurs faces s'appliquent les unes aux autres, se collent, et la membrane de la cicatrice résulte de leur adossement. Voilà comment toutes ces chairs, dont le développement nous étonnoit, et qui paroissoient amplement réparer la perte de substance, r sont plus qu'une pellicule rougeâtre tant qu les lymphatiques sont gorgés de sang, mais laquelle le retour de ce fluide dans ses pr pres vaisseaux donne bientôt une couleu blanchâtre.

CCLXII. D'après ce mode d'origine de membrane des cicatrices extérieures, il e facile de concevoir, 1° pourquoi elles adhère intimement aux endroits où elles se trouven et n'ont jamais la laxité des téguments 2° pourquoi la peau se rapproche de toutes l parties voisines pour recouvrir la plaie; 3° pou quoi elle se ride en se rapprochant; 4° pou quoi, là où elle prête le plus, la cicatrice a moins d'étendue, comme aux bourses, au aisselles, etc.; pourquoi, au contraire, elle e a davantage là où elle cède difficilemen comme sur le sternum, le crâne, le gran trochanter, etc.; 5° pourquoi l'épaisseur d toutes les cicatrices est en raison inverse d leur largeur. En effet, comme il n'y a tou jours que la même quantité de bourgeon charnus pour les former, il faut que ce qu'ell gagnent en un sens, elles le perdent dans u autre : de là beaucoup de facilité à se déchire lans celles qui sont très-larges; 6° pourquoi elles n'ont point d'organisation régulière, ne partagent point les fonctions de l'organe cutané qu'elles remplacent; pourquoi il ne s'y fait point d'exhalation. En effet, l'agglutination les lames du tissu cellulaire a détruit son système exhalant, comme celui des membranes séreuses est anéanti par leurs adhérences réciproques. Remarquons que ce phénomène est une preuve nouvelle que la membrane des kystes, où l'exhalation est évidente, ne se forme pas, comme on l'a dit, par l'adhésion mécanique ou inflammatoire des lames de l'organe cellulaire.

CCLXIII. Je n'ai point comparé ces réflexions sur les cicatrices avec ce qu'ont écrit sur ce point Fabre, Louis, Hunter et autres. L'exposé de tous les phénomènes de plaies enflammées, en suppuration, ou dans l'état d'affaissement, n'a point été présenté. Je renvoie aux auteurs qui ont traité cette matière *ex professo:* le lecteur, en les analysant, pourra juger lui-même en quoi les vues que je présente diffèrent ou se rapprochent de celles communément reçues, et quel degré de confiance elles ont droit d'inspirer à qui recherche moins une

opinion qu'une série de faits enchaînés l
uns aux autres (1).

(1) Il y a sans doute quelques faits inexact
quelques assertions hasardées dans la manière do
Bichat expose la formation des diverses cicatrice
mais nulle part on n'est plus à même de juger
nature de son talent spirituel et facile.

TRAITÉ

DE LA

MEMBRANE ARACHNOÏDE.

SECTION PREMIÈRE.

Considérations générales.

I. La triple enveloppe du cerveau n'a pas ›ujours été distinctement décrite par les ana- ›mistes. L'arachnoïde et la pie-mère ne furent ›ng-temps à leurs yeux qu'une membrane nique, mince assemblage de deux feuillets istincts quelquefois dans leur position, mais onstamment identiques par leur nature: 'étoit la seconde méninge.

II. On commença, au milieu du siècle passé, soupçonner que chacune pouvoit avoir une xistence isolée: la Société anatomique d'Amterdam s'en assura en 1665; van Horne, peu e temps après, démontra séparément à ses élèves l'arachnoïde, qui depuis lors a toujou été considérée comme une membrane propı Quelques anatomistes, Lieutaud en particuli ont cherché dans ces derniers temps à repr duire la manière de voir des anciens, et à 1 duire à deux les enveloppes cérébrales; mais l considérations suivantes me paroissent irr vocablement fixer l'opinion à cet égard.

III. 1°. La pie-mère pénètre toutes les a fractuosités dont elle revêt la surface; l'arac noïde passe, sans s'arrêter, d'une éminen à l'autre, et souvent on la voit ou sépar par de grands intervalles de la pie-mère, simplement appliquée sur elle sans nulle co munication. La base du cerveau et la moe épinière présentent de fréquents exemples cette double disposition. 2°. L'u[illegible] rougeât toute tissue de vaisseaux, ne paroît destin qu'à offrir aux troncs qui s'y portent une lar surface où ils puissent se diviser à l'infin avant de pénétrer dans la substance molle cerveau, à laquelle ils communiqueroient, sa cela, de trop fortes secousses; c'est une couc celluleuse, plutôt qu'une membrane distinc ment organisée: couche qui unit, soutient entrelace les innombrables ramifications système extérieur des vaisseaux sanguins en ɔhaliques. L'autre, blanchâtre, mince, demi-ransparente, dépourvue de ce genre de vais-eaux, ne paroît qu'un composé des exha-ants qui lui apportent et des absorbants qui ui enlèvent l'humeur dont elle est sans cesse ubrifiée. 3°. La première n'est remarquable, à a suite des inflammations, que par sa rou-eur, effet du sang qui y aborde; la seconde 'épaissit, devient opaque et d'un blanc plus oncé, se recouvre fréquemment de cette xsudation visqueuse, caractéristique des nembranes séreuses en suppuration. 4°. Celle-i, après avoir accompagné les vaisseaux et es nerfs jusqu'aux troncs qui les transmettent ıors du crâne, se réfléchit visiblement sur la lure-mère, qui en emprunte, comme je le lirai, le poli qui distingue sa face interne: elle-là se perd bientôt sur les nerfs, et jamais ɪn n'y voit une semblable réflexion. 5°. En en-evant l'arachnoïde, on détache aussi la pie-mè-e qui adhère au nive audes circonvolutions, t c'est là sans doute ce qui en a imposé; mais e fait ne prouve pas plus l'identité des deux nembranes, qu'il n'établit celle de la plèvre, u péricarde, du péritoine, etc., avec le tissu ellulaire qui leur est sous-jacent, et qui ac-ompagne toujours ces membranes lorsqu'on les arrache de dessus leurs organes respectif

IV. Ces rapides considérations, tirées (la forme extérieure, de la structure et d affections de l'une et l'autre membrane, suf sent, je crois, pour établir entre elles une gne réelle de démarcation, et admettre p conséquent l'existence isolée de l'arachnoïd mais c'est peu d'avoir constaté son existenc il faut encore déterminer la nature, suivre trajet et les rapports, assigner les fonctions cette membrane. Or, sur tous ces points l'an tomie connue ne nous offre qu'un vide à rer plir.

V. Tous les organes importants, tous ce qui sont agités d'un mouvement habituel, trouvent enveloppés d'une membrane séreus qui leur sert de limites, les isole des part voisines, favorise leur expansion et leur r serrement alternatif par l'humeur qui en l brifie sans cesse la surface lisse et polie. Ce loi de conformation est universelle; le poum qu'embrasse la plèvre, le cœur que revêt péricarde; l'estomac, les intestins, le foie, rate, etc., sur lesquels se déploie largement péritoine; le testicule que recouvre la tuniq vaginale, nous en offrent des exemples. Tou ces membranes ont, comme je l'ai démontr les mêmes caractères de conformation, de structure, de fonctions et même d'affections morbifiques. Cette uniformité, bien reconnue dans la disposition extérieure de tous les organes importants, m'avoit fait soupçonner depuis long-temps que le cerveau ne devoit point faire exception à la règle générale, et qu'une enveloppe analogue en tout aux membranes séreuses des grandes cavités devoit, en le recouvrant, remplir à son égard les mêmes fonctions que ces membranes à l'égard de leurs organes respectifs. Je crois que ce soupçon deviendra une réalité, si j'établis d'une manière évidente que, 1° la nature intime, 2° la disposition extérieure, le trajet et les rapports, 3° les fonctions et les affections de l'arachnoïde, sont exactement les mêmes que celles des membranes séreuses. Ce traité a pour objet le développement de ces diverses propositions.

SECTION II.

Déterminer la nature intime de l'arachnoïde.

VI. La nature intime de la plupart de nos parties échappe presque constamment aux grossiers instruments de nos recherches; en sorte que pour déterminer avec précision quel rang un organe inconnu occupe parmi les re sorts nombreux de notre machine, il faut comparer à ceux dont la nature bien constate ne laisse aucun doute dans l'esprit du physic logiste, afin d'établir sur l'analogie ce que l'in spection et la dissection ne peuvent nous four nir. Cette méthode de suppléer par le raison nement au défaut des sens dans nos reche ches sur l'organisation, est surtout applicabl à l'arachnoïde, que son extrême ténuité dé robe à presque tous nos moyens mécanique. Or, en procédant par cette voie, je prouverai je crois, d'une manière évidente que par s nature intime l'arachnoïde appartient à l classe des membranes séreuses, si j'établis 1° que sa texture sensible, 2° que ses proprié tés vitales, 3° que ses fonctions connues, 4° qu ses affections morbifiques, sont les mêmes qu les leurs; car, semblable à elles par les résul tats, les effets de l'organisation, comment pour roit-elle être différente par l'organisation elle même?

§ Ier. *Caractères tirés de la texture.*

VII. Nous avons vu que toutes les membranes séreuses sont remarquables, 1° par une surface lisse, polie, reluisante, humide de sérosité, contiguë et jamais continue aux organes voisins; 2° par une surface opposée toujours adhérente; 3° par le petit nombre de leurs vaisseaux sanguins et la multitude des absorbants qui en naissent; 4° par la base essentielle de leur texture, qui est cellulaire; 5° par leur transparence, lorsqu'on les a détachés: de là le nom de *diaphanes* sous lequel M. Pinel les désigne.

VIII. Examinez maintenant l'arachnoïde: vous y retrouverez exactement tous ces caractères, si vous fixez successivement votre attention, 1° sur sa surface correspondante à la dure-mère; 2° sur celle qui adhère à la pie-mère; 3° aux endroits où son système vasculaire peut le plus facilement être aperçu comme à la base du crâne, où elle est isolée par l'une et l'autre face, transparente, et ne peut nous présenter, comme lui étant propres, des vaisseaux sanguins appartenant à la pie-mère; 4° sur des lambeaux de cette membrane exposés pendant quelques jours à la macération; 5° sur les endroits où vous l'aurez décollée par une légère insufflation de la pie-mère qu'elle recouvre. La ténuité de l'arachnoïde s'opposeroit-elle au rapprochement établi entre sa texture et celle des membranes séreuses? Mais qui ne sait qu l'épiploon présente encore moins d'épaisseu

§ II. *Caractères tirés des forces vitales.*

IX. Sensibilité organique, manifeste dar l'état ordinaire, susceptible dans les affectior inflammatoires de se transformer en sensibilit de relation; tonicité d'abord peu apparente mais cependant caractérisée par une foule d phénomènes; extensibilité réelle, mais pe étendue : voilà les propriétés vitales des mem branes séreuses.

X. Telles sont aussi celles que m'ont démor trées dans l'arachnoïde diverses expérienc sur les animaux vivants. La pression d'u corps, l'action déchirante ou coupante du sca pel, l'application de divers caustiques, ne pa roissent exciter dans l'animal aucune sensatio douloureuse. Mais la membrane s'enflamme t-elle à la suite de son exposition à l'air un pe long-temps continuée, le contact d'un corp auparavant indifférent devient pénible, cru même. Ici, comme dans une foule d'autre parties, la sensibilité inhérente à l'organe s' trouve distribuée dans une trop foible propor ion pour que cet organe devienne, dans l'état aturel, un agent de sensations vives, douloueuses ou agréables. Il faut que, par l'inflamnation, la nature ait doublé, triplé même cette roportion, afin que cet effet soit produit. Tel st en effet le mode de distribution des forces itales; toutes les classes d'organes en sont inégalement pénétrées. Les uns comme la peau, es muscles, etc., les possèdent au plus haut legré. Elles semblent languir et être assoupies lans d'autres, tels que dans les ligaments, les s, etc. Sous ce rapport, jamais il n'y a équilire de forces dans l'économie qu'entre les organes de même classe. Mais cette inégale répar-ition n'est point arrêtée d'une manière imnuable; elle varie sans cesse. Il se fait une révolution habituelle dans les forces vitales; la ature peut les transporter en plus ou moins grande quantité sur telle ou telle partie, suivant les dangers qui la menacent. Souvent alors un organe d'une classe inférieure à celle de tous les autres, dans l'échelle ordinaire de la sensibilité, leur devient égal et même supérieur, jusqu'à ce que l'excès de vie ajouté à celle qui lui est propre, venant à s'évanouir, il se remette en équilibre avec les organes de sa classe.

XI. L'absorption qui s'opère dans l'aracl noïde prouve sa tonicité, que caractérise ei core son retour sur elle-même à la suite de l'ı vacuation de certaines congestions aqueuse sanguines, etc. Le volume prodigieusemei augmenté de certaines têtes hydrocéphale sans rupture de cette membrane, prouve sc extensibilité.

§ III. *Caractères tirés des fonctions.*

XII. Les usages sensibles de l'arachnoïc sont, 1° de séparer le cerveau d'avec les premi res enveloppes qui le renferment, et auxque les par son moyen il n'est que contigu ; de fo mer ainsi à ce viscère une limite membranei se, qui, rompant, pour ainsi dire, toute con munication organique entre lui et les partii voisines, isole sa vie propre et les fonctions in portantes qu'il remplit, de la vie propre et d fonctions moins essentielles de tout ce qui l'ei toure; 2° d'exhaler et d'absorber sans cesse u fluide albumineux dont on trouve sa surfac constamment humide, qui se dissipe en forn de vapeur sensible dans les animaux sur le: quels on met le cerveau à découvert, surtoı dans un temps froid, et qui, destiné à lubr er ce viscère, favorise ses mouvements, et révient les adhérences qui en seroient le résultat.

XIII. Cet usage, que j'attribue à l'arachnoïe, d'être l'organe essentiel de l'exhalation et e l'absorption alternatives des humidités céébrales, se prouve par une foule de considéations et de faits dont voici les principaux : °. La surface de l'arachnoïde mise à nu exhale isiblement dans un animal vivant ces humiités. En effet, étant essuyées exactement dans ne partie quelconque de son étendue, elles y ont reproduites au bout de peu d'instants. 'ailleurs, pendant une assez longue exposition l'air, et avant qu'elle ne s'enflamme, cette iembrane reste humide : or, elle se sécheroit ientôt, si ce que ce fluide lui enlève par l'évaoration ne lui étoit rendu par l'exhalation ui s'y opère. 2°. A cette exhalation correspond écessairemënt une absorption, qui s'exerce on-seulement sur l'humeur lymphatique, iais encore sur des fluides étrangers. J'ai ouert le crâne d'un chien par le trépan, après voir déchiré et enlevé les épais faisceaux charus qui le recouvrent sur les côtés. L'ouverire a été bouchée comme dans les expérienes de Lorry, par un morceau de liége que tra-

versoit un tuyau de plume, au moyen du
j'ai injecté dans la cavité du crâne un fl
légèrement coloré et à la température de l
mal. L'appareil a été fermé ensuite. L'an
ne s'est point assoupi, a eu d'abord quel
légers mouvements convulsifs, est ens
tombé dans l'abattement et dans une és
d'impuissance de mouvement, quoique la
ralysie n'ait pas été complète. Je l'ai tu
bout de huit heures, et je n'ai retrouvé
fluide introduit qu'une très-petite quan
qui étoit ramassée vers la base du crâne
même expérience, tentée après la mort, ne
donné qu'un foible résultat, quoique l'an
eût été maintenu, par un bain chaud, à sa t
pérature ordinaire. 3°. Dans les plaies de t
il se fait fréquemment des épanchements
l'arachnoïde, comme le prouvent l'opéra
du trépan et l'ouverture des cadavres. Or,
un très-grand nombre de malades que Des
a eus à traiter, jamais il n'a pratiqué cette
ration, et cependant la plupart ont très-l
guéri; donc chez ceux de ces malades
avoient des épanchements (et il est imposs
que sur le nombre plusieurs n'en aient
ces épanchements ont été absorbés, puis
le sang qui s'extravase, et que les lymph

ques ne reprennent pas, finit toujours par occasioner des accidents, l'inflammation, les dépôts, etc., etc. Qui ne sait d'ailleurs que dans l'opération même du trépan, lorsque le sang se trouve sous la dure-mère, il ne s'évacue jamais qu'en très-petite quantité, malgré la précaution d'inciser cette membrane, parce qu'il n'est point alors ramassé en foyer, mais disséminé sur toute l'arachnoïde? Or, la portion restante, lorsque le malade guérit, doit nécessairement être absorbée.

XIV. Je crois que, d'après les faits et les considérations précédentes, il est difficile de ne pas envisager l'arachnoïde comme l'organe essentiel de l'exhalation et de l'absorption cérébrales (1). Cependant une difficulté reste encore : la dure-mère, suivant l'opinion commu-

---

(1) Un fait de la plus haute importance a échappé à Bichat, c'est l'existence du liquide que j'ai décrit et nommé céphalo-rachidien. Ce fluide sépare partout la pie-mère de l'arachnoïde, et forme une couche qui a quelquefois jusqu'à un pouce d'épaisseur. (Voyez mon *Journal de Physiologie*, Tom. VII, n° 1.) Tout ce qu'a dit Bichat de l'exhalation ne peut s'appliquer qu'à la cavité de la membrane arachnoïde, et non point à la surface du cerveau.

ne, correspond, comme l'arachnoïde, à la
vité cérébrale, où se répandent ces hum
tés ; elle peut donc, comme elle, les fourni
les reprendre. Je montrerai bientôt que c
manière d'envisager la dure-mère n'est pc
conforme à sa disposition anatomique, et c
sa surface interne, lisse et polie, n'est qu
repli de l'arachnoïde; mais faisons abstract
de ce fait, qui lèveroit toute difficulté, et r
sonnons d'après l'opinion commune.

XV. 1°. La dure-mère est certainement u
membrane fibreuse de la classe du périoste,
la sclérotique, etc., de l'enveloppe du co
caverneux, de la membrane albuginée, e
Or, aucune de ces membranes ne remplit u
fonction semblable a celle qu'on attribuer
ici à la dure-mère. Comment donc celle-
analogue en tout par son organisation aux
tres membranes fibreuses, peut-elle en diffé
par les résultats de cette organisation? 2°.
dure-mère a partout la même structure; et
pendant ce n'est que par la portion corresp
dante à la cavité cérébrale qu'elle paroît ê
un organe exhalant. Pourquoi ne sépare-t-e
pas également de la sérosité, dans l'orbite
elle se prolonge, dans la fosse pituitaire où e
passe, sous la glande du même nom, ap

voir abandonné l'arachnoïde, qui en tapisse ι face supérieure? Pourquoi, dans le canal ver-ébral, sa face externe, souvent trop isolée des rganes voisins, comme l'interne, n'est-elle pas, omme elle, sans cesse humide d'une rosée ymphatique? Comment concilier cette uni-ormité d'organisation avec cette différence le fonctions? 3°. Tous les fluides séreux de l'é-onomie animale, qui lubrifient les cavités, ont fournis par une membrane unique, et ion par le concours de plusieurs organes : omment celui-ci, semblable en tout aux au-res par sa nature, auroit-il un mode différent l'exhalation? 4°. Comment conçoit-on qu'un luide essentiellement homogène soit séparé lu sang par deux organes si essentiellement lifférents sous le rapport de leur structure, que e sont la dure-mère et l'arachnoïde? Trouve--on un seul exemple dans l'économie vivante le deux organes de classe différente, concou-ant à produire le même fluide? 5°. La sérosité 'exhale dans les ventricules sans le concours de a dure-mère et seulement par l'arachnoïde, qui s'y introduit, comme je le prouverai.

XVI. Toutes ces considérations m'ont dé-erminé depuis long-temps à considérer la lure-mère comme étrangère à l'exhalation et à l'absorption de la sérosité du cerveau, e en regarder l'arachnoïde comme le siége clusif (1).

XVII. Rapprochons maintenant les fo tions des membranes séreuses de celles b constatées de l'arachnoïde, et nous les verro 1° isoler aussi leurs organes respectifs; 2° exl ler sans cesse et absorber autour d'eux u humeur séreuse de même nature que celle l'arachnoïde, et, sous ce rapport, entrer ess tiellement comme elle dans l'ensemble du s tème lymphatique.

§ IV. *Caractères tirés des affections morbifique*

XVIII. Les membranes séreuses sont rem quables, 1° parce qu'elles seules, avec le tis cellulaire, sont le siége des hydropisies p prement dites, ou des hydropisies lympha ques; 2° parce qu'à la suite de leur inflamn tion, leurs faces diverses contractent souv

(1) Bichat aurait dû s'attacher à prouver, par faits et des expériences, que la partie de l'arachnoi que revêt la dure-mère, sécrète réellement com le feuillet libre de cette membrane.

ensemble des adhérences; 3° parce que souvent alors elles s'épaississent, perdent leur transparence, deviennent blanchâtres; 4° parce que, dans ces cas, une exsudation visqueuse, adhérente à leur surface, difficile à enlever, forme leur suppuration.

XIX. Un rapide coup d'œil jeté sur l'arachnoïde nous y montrera les mêmes caractères morbifiques. 1°. Le sac qu'elle forme, et surtout sa portion plongée dans les ventricules, deviennent le siége fréquent des collections lymphatiques (1). 2°. A la suite des inflammations du cerveau, Kaw-Boerhaave, de Haen, Boemer, etc., ont fréquemment vu la face externe de l'arachnoïde et la face correspondante de la dure-mère adhérer ensemble soit immédiatement, soit au moyen d'une espèce de membrane artificielle, formée ici, comme dans le péricarde, la plèvre, etc. Lorsque, dans le trépan, la dure-mère a été divisée, la por-

(1) C'est justement par ce caractère que l'arachnoïde diffère des autres membranes séreuses; jamais les collections aqueuses des ventricules ne communiquent avec la cavité de cette membrane, comme je l'expliquerai en détail plus tard.

tion d'arachnoïde qui correspond à l'ouve
ture s'enflamme et adhère ensuite à la cic
trice. J'ai essayé dans un animal de détern
ner, par une injection de vin sous le crâr
l'adhérence de cette membrane, comme
produit artificiellement celle de la tunique
ginale dans l'hydrocèle ; mais l'animal n'a
survivre que vingt-huit heures à l'expérien
et l'adhérence n'étoit point encore contract
3°. J'ai eu occasion d'observer quelquefois s
des cadavres morts de plaie de tête l'opac
de l'arachnoïde et son épaississement. Elle
condense alors, comme la plèvre, par des cc
ches ajoutées d'une matière lymphatique.
même phénomène, que l'ouverture des cad
vres offre chaque jour, s'observe aussi à
face interne de la dure-mère ; ce qui tient à
portion d'arachnoïde qui la tapisse, puisqu
n'est jamais sensible à sa face externe. 4°. Qua
à l'exsudation visqueuse que laisse échapp
l'arachnoïde enflammée, elle est prouvée p
un très-grand nombre de faits. Ce mode
suppuration est si commun dans les plaies
tête à l'Hôtel-Dieu, qu'il formoit un des gran
arguments par lesquels Desault combattoit
trépan, toujours alors inutile, puisque ce
couche épaisse, visqueuse, adhérente à la su

face externe du cerveau (1), ne sauroit échapper par l'ouverture. A peine peut-on l'enlever exactement avec le manche du scalpel sur le cadavre dont le cerveau a été mis à découvert.

XX. Les nombreux rapprochements que je viens d'établir entre l'arachnoïde et les membranes séreuses en général, me paroissent suffisants pour répondre au problème que nous nous sommes proposé ci-dessus. En effet, puisque d'une part la nature intime d'un organe quelconque est déterminée, quand on a démontré, 1° sa texture, 2° ses propriétés vitales, 3° ses fonctions, 4° le caractère qu'imprime son organisation à ses affections morbifiques; puisque, d'une autre part, il est évidemment prouvé que sous ces quatre rapports essentiels l'arachnoïde est analogue aux membranes séreuses, je crois que sans crainte d'erreur nous pouvons établir, comme une conséquence de ce qui vient d'être dit, cette proposition générale : *L'arachnoïde, par sa nature, appartient à la classe des membranes séreuses.*

---

(1) Cette couche épaisse, visqueuse, est le plus souvent hors de la cavité de l'arachnoïde, et est formée par la pie-mère enflammée.

SECTION III.

Déterminer le trajet et la forme de l'arachnoïd sur les organes qu'elle enveloppe.

XXI. Nous avons démontré, dans le *Trait des membranes en général*, que toute surfac séreuse représente un sac sans ouverture, re plié et sur les organes auxquels elle appartient et sur les parois de la cavité où se trouven ces organes, fournissant à leurs vaisseaux un gaîne qui les accompagne, et ne s'ouvrant ja mais pour les laisser pénétrer : en sorte qu rien n'est contenu dans la cavité qu'elle for me, et que s'il étoit possible de l'enlever dis tinctement par la dissection, cette cavité reste roit dans son intégrité.

XXII. Or, si l'on compare maintenant cette conformation celle de l'arachnoïde, e que l'on suive son trajet, il est facile de dé montrer, le scalpel à la main, que, de mêm que ces membranes, elle se replie et sur le cer veau qu'elle embrasse sans le contenir, et su la face externe de la dure-mère qu'elle tapisse et sur les nerfs et les vaisseaux qui partent di cerveau ou qui s'y rendent, de manière qu'au cun de ces organes n'est contenu dans la cavité, que remplit seule l'humeur qui la lubrifie.

XXIII. Pour suivre le trajet de cette membrane, considérons-la, 1° sur le cerveau, 2° sur la moëlle épinière, 3° sur la dure-mère, 4° dans les ventricules; car quoique partout continue, elle ne puisse s'isoler, cependant sa disposition deviendra plus sensible en l'examinant à la fois sur un moins grand nombre de parties. De la connoissance partielle des diverses régions de cette membrane résulteront des notions plus distinctes sur son ensemble.

§ V. *Trajet de l'arachnoïde sur le cerveau.*

XXIV. Considérée sur la convexité du cerveau, l'arachnoïde y est très-sensible, surtout par l'insufflation. 1°. Elle revêt l'un et l'autre hémisphère, fournit à chaque veine allant au sinus longitudinal supérieur une gaîne, qui se continue ensuite sur la dure-mère, embrasse à peu près de la même manière les corpuscules blanchâtres de Pachioni, qui se trouvent ainsi hors de sa cavité. 2°. Elle descend de l'un et l'autre côté sur la surface des hémisphères correspondante au sillon qui les sépare, tapisse le corps calleux, dont l'écartent les artères d même nom, et fournit aux veines du sin longitudinal inférieur des enveloppes qui réfléchissent ensuite sur la faux.

XXV. De la convexité du cerveau, l'aracl noïde se porte en arrière et en devant. Voi son trajet dans le premier sens : 1° sa portic correspondante aux hémisphères se prolon sur leurs lobes postérieurs qu'elle revêt, pas sur la rainure qui les sépare du cervelet, c elle est très-distincte, se déploie sur la pari supérieure de ce viscère, y fournit des gaîn aux veines du sinus droit, descend sur sa ci conférence, y accompagne plusieurs vaisseau des sinus latéraux, et vient recouvrir sa fa inférieure, où une large portion de son éte due se trouve isolée vis-à-vis la rainure q sépare ses deux lobes. 2°. Quant à la portic correspondante au corps calleux, elle se pr longe aussi en arrière sur le cervelet, ma concourt auparavant à former autour des ve nes de Galien une ouverture dont je parler bientôt.

XXVI. D'après ce qui vient d'être dit, c conçoit le trajet de l'arachnoïde sur le cerv let, les lobes potérieurs et la convexité du ce veau; mais comment se comporte-t-elle sur la base de ce viscère? Le voici : 1° de la partie supérieure des hémisphères, elle s'avance sur les lobes antérieurs, les entoure, fournit une gaîne aux nerfs olfactifs, une autre aux nerfs optiques, laquelle se prolonge dans leur enveloppe fibreuse, et ne se réfléchit sur elle que dans l'orbite. 2°. Elle embrasse, par sa portion qui descend du corps calleux, la tige pituitaire en manière d'entonnoir, dont l'extrémité s'épanouit sur la glande du même nom, et se trouve séparée par elle de la dure-mère, qui s'enfonce dans la fosse et en forme le périoste. 3°. Elle entoure d'un canal transparent la carotide, à son entrée dans le crâne, se porte sous la protubérance annulaire, y est entièrement isolée, ainsi qu'au niveau de ses prolongements antérieurs et des rainures qui la bornent, fournit en même temps des gaînes à la troisième, quatrième, cinquième, sixième et septième paires. 4°. On la voit se diriger sur les parties latérales du cervelet, sur le commencement de la moelle épinière, sur les prolongements postérieurs de la protubérance annulaire; elle est entièrement libre à l'endroit de l'échancrure, accompagne dans ces espaces les

quatrième, huitième, neuvième, dixième pa
res, recouvre la vertébrale, et se continue en
suite dans le canal vertébral, où nous l'exam
nerons.

XXVII. Ces nombreux replis de l'arachnoïd
à la base du crâne se voient facilement, lor
qu'après avoir mis sans secousse le cerveau
découvert, on le soulève avec précaution
avant et sur les côtés. Les diverses gaînes p
roissent alors plus larges du côté du cerveau
plus étroites vers la dure-mère, sur laquel
toutes se réfléchissent à l'endroit où elle e
percée, pour laisser passer le nerf ou le vai
seau. L'optique et le moteur externe font e
ception à cette règle. Toutes sont lâches, sa
adhérence avec l'organe qu'elles entourent,
rompent très-facilement, surtout celles de
première et de la quatrième paires, ce qui sa
doute a empêché jusqu'ici qu'on ne les a
décrites avec exactitude, se trouvent presqu
toujours dépourvues de la pie-mère, qui di
paroît insensiblement très-près du cerveau
du cervelet.

§ VI. *Trajet de l'arachnoïde sur la moelle épinière.*

XXVIII. Nous venons de voir l'arachnoïde enveloppant, sans les contenir, le cerveau, ses nerfs et ses vaisseaux, se continuant ensuite en arrière et en devant sur la moelle épinère. Arrivée là, elle forme une espèce d'entonnoir par lequel est embrassé ce prolongement médullaire, et qui descend jusque sur les faisceaux nombreux qui le terminent. Dans ce trajet, voici comment elle se comporte : 1° libre du côté de la pie-mère, elle ne lui tient que par un petit nombre de faisceaux vasculeux (1); 2° elle

(1) L'arachnoïde rachidienne tient à la pie-mère, non-seulement par de petits vaisseaux qui se trouvent çà et là dans son trajet, mais encore par une cloison cellulo-vasculaire qui règne sur la ligne médiane en arrière de la moelle et forme une séparation presque complète entre le côté droit et le gauche de la cavité sous-arachnoïdienne. Cette espèce de médiastin s'étend depuis la hauteur de la troisième ou quatrième vertèbre cervicale jusqu'à l'extrémité inférieure de la moelle; au-delà il n'y a plus qu'une cavité unique qui contient le liquide céphalo-spinal et les nerfs de la queue de cheval.

fournit sur les côtés, au niveau de chaque nerf qui s'échappe par le trou de conjugaison une enveloppe conique, qui l'accompagne jusqu'au canal fibreux que lui fournit la dure-mère, et qui, au lieu de s'y introduire, se réfléchit sur la surface interne de cette membrane: cette réflexion est rendue très-apparente, en coupant à son origine ce canal fibreux, lequel devient alors un trou bouché par l'arachnoïde, qui y est rendue sensible par sa transparence; 3° en devant et en arrière l'arachnoïde envoie aussi à la dure-mère des gaînes membraneuses qui s'y épanouissent, et contiennent les vaisseaux de la pie-mère, lesquels se trouvent, ainsi que les nerfs vertébraux, hors de la cavité que lubrifie la sérosité; 4° inférieurement l'arachnoïde se termine par une foule de replis, accompagnant jusqu'à leur sortie les nombreux faisceaux qui terminent la moelle épinière, revenant ensuite sur la dure-mère, et formant ainsi en bas un cul-de-sac qui empêche la sérosité de s'infiltrer dans le tissu cellulaire, et sans lequel on ne pourroit concevoir les hydropisies du canal vertébral.

XXIX. Cette disposition de l'arachnoïde dans le canal vertébral est rendue très-sensible de

a manière suivante : enlevez au canal verté-
ral sa portion osseuse antérieurement et pos-
érieurement *; mettez ainsi à découvert la
noelle épinière encore entourée de sa triple
enveloppe ; incisez longitudinalement et avec
récaution en avant et en arrière la dure-mère,
qui sera ensuite repliée sur les côtés ; soufflez
en haut de l'air avec un tube entre la pie-mère
et l'arachnoïde : celle-ci se soulèvera en totalité,
abandonnera la pie-mère sur toute la moelle
épinière, et vous aurez ainsi un tube distendu
par l'air, fournissant à chaque nerf et vaisseau
une gaîne aussi distendue, et dont les parois
transparentes vous laisseront voir au milieu la
moelle épinière, la pie-mère, le ligament den-
telé, etc. Quelquefois cette expérience ne
réussit que des deux côtés, et l'arachnoïde
reste collée en devant et en arrière à la pie-

* Dans cette préparation, il arrive un phénomène qui établit bien évidemment la contractilité des ligaments jaunes et inter-épineux. C'est une forte rétraction de la colonne épinière, qui se recourbe en demi-cercle lorsqu'après l'avoir dépouillée de tous ses muscles, on enlève en devant la colonne qui résulte des corps de toutes les vertèbres, et par conséquent l'appareil ligamenteux antérieur.

mère On fait presque ainsi par insufflation c
que l'on pratique par la dissection, lorsqu'c
enlève, sans l'ouvrir, le péritoine de dessu
tous les organes qu'il recouvre (1).

§ VII. *Trajet de l'arachnoïde sur la dure-mère*

XXX. D'après ce que nous venons de dire
il est évident que la totalité de la masse ce
rébrale est embrassée par l'arachnoïde, comm
le cœur, le poumon, le foie, la rate, etc., pa
leurs membranes séreuses respectives, ave
cette différence qu'ici les replis sont plus nom
breux par rapport au nombre beaucoup plu
grand de nerfs et de vaisseaux. Il me reste
pour compléter l'analogie, à démontrer qu
de même que chaque membrane séreuse
après avoir tapissé son organe, se réfléchi

(1) L'auteur aurait dû faire la remarque impor
tante que l'arachnoïde a des dimensions beaucou
plus grandes qu'il ne faut pour contenir la moell
épinière, et qu'ainsi cette membrane devrait êtr
plissée durant la vie. Mais il n'en est point ainsi
la membrane est séparée de la moelle par le liquid
céphalo-spinal. (Voyez mon *Mémoire sur ce liquide
Journal de Physiol.*, Tom. VII.)

nsuite sur les parois de la cavité où il est con-
enu ; de même l'arachnoïde, après avoir re-
ouvert le cerveau et ses prolongements, re-
ient sur la dure-mère, dont elle revêt toute la
ace interne.

XXXI. Nous avons vu les gaînes nombreuses qui accompagnent les nerfs et les vaisseaux jusqu'à leur sortie ou leur entrée par les trous du crâne et du canal vertébral, se réfléchir ensuite et se porter sur la dure-mère; là ils s'unissent tous et forment une membrane générale, recouvrant et la dure-mère et ses prolongements, tels que la faux, la tente du cervelet, qui se trouvent ainsi hors de la cavité du crâne, formant avec la portion qui revêt le cerveau le sac sans ouverture, que j'ai dit être représenté par l'arachnoïde, laquelle présente ainsi une portion cérébrale et une portion crânienne, comme la plèvre a sa portion costale et sa portion pulmonaire.

XXXII. Cette manière d'envisager l'arachnoïde paroîtra sans doute paradoxale d'après l'opinion commune des anatomistes, et d'après les difficultés que l'on éprouve ordinairement à isoler par la dissection ce feuillet interne de la dure-mère. Mais je crois que les réflexions suivantes lèveront sur ce point toute esp de doute.

XXXIII. Si l'on dissèque, dans une étend quelconque, la dure-mère de dehors en dans, en enlevant successivement ses diver couches, on remarque que toutes sont d tinctement fibreuses, excepté la dernière est celluleuse, sans aucune fibre transparen et telle en un mot qu'on voit l'arachnoïde da les endroits où elle est libre par ses deux fac

XXXIV. Dans le fœtus et l'enfant, l'arac noïde est distincte de la dure-mère, à laque elle tient par un tissu cellulaire peu serré. commençant à la disséquer, 1° sur le cervea 2° le long d'une des gaînes dont j'ai parlé, 3 l'endroit de la réflexion de cette gaîne, 4° s la dure-mère, on voit très-manifestement continuité sur tous ces points, et elle pe être suivie très-loin sur le dernier. L'adhéren augmente avec l'âge, mais la nature reste di tincte : aussi le feuillet séreux du péricard très-lâchement uni, dans le premier âge, centre phrénique du diaphragme, lui devien il par la suite étroitement lié; aussi le mên feuillet séreux et le feuillet fibreux du pér carde, quoique très-fortement adhérents su es côtés, sont-ils essentiellement différents 'un de l'autre.

XXXV. Il est des endroits où l'arachnoïde st très-distincte de la dure-mère : ainsi, omme je l'ai dit, après avoir fourni une gaîne la tige pituitaire, elle s'épanouit sur la glanle du même nom, tandis que la dure-mère, assant dessous, tapisse la selle turcique. Ces leux membranes se réunissent ensuite.

XXXVI. Le poli de la surface interne de la lure-mère dépend évidemment de la présence le l'arachnoïde. En effet, 1° si l'on examine un les conduits fibreux que fournit la dure-mère lu canal vertébral à chacun des nerfs qui en artent, d'un côté on voit l'arachnoïde se réléchir, comme je l'ai dit, au lieu d'y pénétrer; l'un autre côté, si l'on ouvre ce conduit, on bserve qu'il ne présente plus d'aspect poli et uisant. La dure-mère ne doit donc point à ellemême ces caractères, mais à l'arachnoïde qui la tapisse. 2°. Quelquefois l'arachnoïde pénètre en partie dans ces conduits, et se réfléchit au milieu : alors ils sont en partie lisses, en partie rugueux et celluleux au-dedans. 3°. On sait que la dure-mère ne présente point cet aspect lisse et poli dans le canal vertébral, à sa face externe, quoique cette face soit souvent libre et sans adhérences. 4°. Le poli qu'on rema que sur certains organes n'est jamais prod que par des membranes séreuses. Ainsi le cœu le poumon, le foie, etc., doivent leur surfa luisante et polie au péricarde, à la plèvre, péritoine; la surface interne des coulisses te dineuses, à la capsule décrite par Albinu Jungken, etc.; les articulations, à la mer brane que j'y ai démontrée : en sorte que caractère extérieur des organes indique to jours une membrane séreuse qui les envelopp soit d'une manière serrée, comme les capsul des tendons, la portion de tunique vagina correspondante à l'albuginée, la membra synoviale, etc.; soit d'une manière lâch comme le péritoine, la plèvre, etc. La dur mère feroit-elle donc seule une exception cette loi générale de l'économie animal Qu'on ne dise pas que la compression déte minée par les mouvements du cerveau pe produire cet effet : j'ai montré ce qu'il fallo penser de cette cause mécanique et des effe qu'on lui attribue.

XXXVII. A la suite des inflammations d la dure-mère présente un épaississement re marquable, effet d'une espèce de membran accidentellement produite là comme à la pl vre, etc., on ne remarque ce phénomène qu'à a face interne et non à l'externe : or l'inflammaion a été la même partout; donc ce changenent ne lui est point propre, mais à l'arachioïde qui la tapisse.

XXXVIII. La surface interne de la durenère est le siége évident de l'exhalation de la érosité cérébrale, puisque si on la met à découvert dans un animal vivant et que l'on esuie cette sérosité dans une étendue quelconjue, elle y est bientôt reproduite. Or, je crois ivoir prouvé évidemment plus haut qu'il réougne à la structure de la dure-mère d'être organe de cette exhalation ; donc c'est l'arachioïde réfléchie à la surface interne de cette nembrane qui est cet organe.

XXXIX. Tout tend donc à nous persuader que la dure-mère est recouverte en dedans ar un feuillet séreux venant de l'arachnoïde. 'adhérence seule peut ici jeter des doutes failes à lever, si l'on considère que la conjoncive adhère aussi à la cornée, la tunique vainale à l'albuginée, la capsule du tendon à sa aîne, etc., et que cependant on ne révoque as en doute l'existence de ces membranes. Je rois donc pouvoir établir comme un fait anaomique bien constaté, que l'arachnoïde, semblable en tout aux membranes séreuses, a portion cérébrale et sa portion crânienne p tout contiguës entre elles, séparées par la rosité, et continues seulement par les gaî qui contiennent les vaisseaux et les nerfs a endroits où ces nerfs et ces vaisseaux sort du cerveau, ou y pénètrent.

XL. Au reste, quand je dis, en décrivant trajet de l'arachnoïde, que du cerveau elle porte sur les nerfs, de là sur la dure-mère, et cette expression n'est destinée qu'à s'acco moder à notre manière ordinaire de concevo Sans doute elle se forme en même temps s tous ces organes, et se développe sur to dans les mêmes proportions. Si cette mani de présenter la disposition de l'arachnoïde 1 pugne, surtout par rapport à la dure-mè changeons nos expressions; disons qu'elle e brasse seulement le cerveau, qu'elle four aux nerfs et aux vaisseaux des gaînes qui se fléchissent sur la dure-mère, comme l'insp tion le prouve évidemment, et se perdent e suite sur cette membrane. dont la face i terne, essentiellement différente par son or nisation, du reste de sa substance, est ent rement semblable sous ce rapport à l'arac noïde. C'est là le point essentiel que cette ide tité d'organisation entre la face interne de la dure-mère et l'arachnoïde, identité qui résulte évidemment des faits exposés ci-dessus. Quant à la manière de présenter la chose, elle est indifférente. Que la dure-mère change d'organisation au-dedans et prenne celle de l'arachnoïde, ou que celle-ci se prolonge pour la tapisser, c'est la même idée présentée sous deux phases différentes.

§ VIII. *Trajet de l'arachnoïde dans les ventricules.*

XLI. J'ai renvoyé à un article particulier l'examen de l'arachnoïde dans les ventricules, parce que ce fait, encore inconnu, mérite une attention particulière. En effet, tous les anatomistes ont dit que la pie-mère seule pénètre dans ces cavités pour les tapisser, après y avoir donné naissance aux plexus choroïdes. Je soupçonnois depuis long-temps que cette assertion est fausse, d'après les considérations suivantes : 1°. La membrane qui revêt les ventricules et leurs diverses éminences, présente le même caractère, la même texture apparente que l'arachnoïde (1), quoique plus mince en-

(1) Ce qu'on peut appeler la membrane des ven-

core que celle-ci; elle en a l'aspect lisse et po
li; elle recouvre les vaisseaux sanguins, sar
en contenir sensiblement dans son tissu, qu
se trouve, excepté aux plexus choroïdes, essen
tiellement différent de celui de la pie-mère
2° une rosée lymphatique s'en exhale sans cess
et y est sans cesse absorbée; 3° il y survient d
fréquentes hydropisies; 4° à la suite des inflam

tricules est bien loin d'avoir les mêmes caractère
que l'arachnoïde. D'abord elle n'est visible qu'e
certain point, comme la partie latérale des ventr
cules latéraux, encore faut-il procéder de dehors e
dedans, et enlever successivement par couches
matière médullaire pour arriver à une dernière lam
mince, qu'on peut à la rigueur regarder comme un
membrane, mais qui pourrait être aussi une lam
médullaire mince, résistante et polie. Dans beaucou
de points des ventricules, tels que les commissure
antérieures ou postérieures, l'aqueduc de Sylvius,
quatrième ventricule, etc., il est absolument imposs
ble de découvrir une membrane. Il est un point où l'c
voit distinctement dans certains cas une apparenc
membraneuse, c'est à la partie postérieure de
commissure des couches optiques, particulièremer
s'il y a eu durant la vie une accumulation de sérosit
qui a distendu le troisième ventricule et allongé l
commissure.

mations, on y a trouvé souvent des exsudations muqueuses semblables à celles de l'arachnoïde et des autres membranes séreuses, caractère qui n'appartient point à la pie-mère.

XLII. Ces premières considérations me portoient à supposer les ventricules tapissés, comme l'extérieur du cerveau, d'une sorte de membrane en forme de sac sans ouverture, semblable à toutes les autres membranes séreuses, et que sa ténuité déroboit à nos dissections. Une autre réflexion me confirmoit dans cette idée : souvent les hydropisies des ventricules existent isolément, l'eau du sac extérieur de l'arachnoïde n'étant point augmentée ; or, s'il n'y avoit pas dans les ventricules une membrane différente de la pie-mère, l'eau qui s'y trouve épanchée reflueroit bientôt au-dehors, en s'infiltrant par les prolongements de cette dernière membrane, qui, de la base du crâne, remonte dans les ventricules par de nombreuses ouvertures de communication. Il faut donc que ces ouvertures soient bouchées du côté des ventricules par une membrane : j'examinai en conséquence l'endroit où ces prolongements extérieurs de la pie-mère viennent se confondre avec les plexus choroïdes, et je vis en effet une toile très-mince passant sur eux,

les empêchant ainsi d'être contenus dans l
cavités cérébrales, et se perdant ensuite sur l
éminences voisines, telles que les couches d
nerfs optiques, les corps cannelés, les hipp
campes, etc.

XLIII. Je ne doutai plus dès-lors, 1° que
qu'on avoit pris dans les ventricules pour u
prolongement de la pie-mère ne fût une vér
table membrane séreuse, tapissant les paro
de ces cavités, et se reployant ensuite autoı
des plexus choroïdes situés véritablement ho
de la poche (1); 2° qu'il n'y eût ainsi au-deho
et au-dedans un organe exhalant la sérosit
lui servant momentanément de réservoir, et
transmettant ensuite dans le torrent circul
toire; 3° que si la dissection ne pouvoit p

---

(1) Il faut avouer que Bichat se décide un peu l
gèrement sur la question qu'il cherche à approfondi
et qu'il se laisse facilement entraîner à son aptitu
à généraliser; il aurait dû, ce semble, avant de co
clure comme il le fait, s'assurer si la membra
existe dans toute l'étendue des cavités du cervea
mais au contraire, quelques lignes plus bas, da
le même paragraphe, il convient, avec sa bonne f
ordinaire, que la dissection ne l'a pas conduit da
ce cas *pas à pas*, et qu'il raisonne par analogie.

nous conduire ici pas à pas, l'analogie y suppléoit au moins d'une manière évidente. Mais une question restoit à résoudre : cette membrane a-t-elle une existence isolée, ou est-elle une continuation de l'arachnoïde, dont elle partage la nature? L'inspection décide cette question.

XLIV. J'ai dit qu'après avoir tapissé le corps calleux, l'arachnoïde descend sur le cervelet ; mais, en s'y prolongeant, on la voit s'enfoncer dans les ventricules par une ouverture ovalaire, située entre ces deux parties. Elle y embrasse d'abord, de tous côtés, les veines de Galien et leurs nombreux prolongements, qui, en recevant chacun une enveloppe, ne se trouvent point contenus dans le trou, quoiqu'ils le traversent en tous sens. Elle se prolonge ensuite sous ces veines entre la glande pinéale et les éminences quadrijumelles, et se termine enfin dans le troisième ventricule, en formant un canal distinct (1).

---

(1) Ici Bichat est tombé dans l'erreur : ce canal n'existe pas; l'arachnoïde recouvre en effet les veines de Galien, mais elle se replie bientôt pour passer sur le cervelet : quelquefois seulement elle forme un petit cul-de-sac d'une ligne au plus de pro-

XLV. Pour trouver ce conduit, il faut scie le crâne avec précaution, enlever très - légè rement la faux, de peur que les secousse qu'on lui imprime ne se communiquent à l tente du cervelet, aux veines de Galien et à l portion d'arachnoïde qui vient du corps calleux ne déchirent cette portion et en même temps n détruisent l'ouverture; ce qui arrive dans l plus grand nombre des cas où l'on n'a poin ces attentions. Le cerveau étant à découvert on soulève chaque hémisphère en arrière, e l'écartant un peu en dehors. Les veines de Ga lien paroissent alors sortant d'un canal qui le embrasse, et dont l'orifice ovalaire est très-ap parent (1).

---

fondeur, et qui pourrait faire croire à l'orifice d'u conduit. D'ailleurs un canal ne pourrait passer entr la glande pinéale et les tubercules quadrijumeaux car une lame médullaire, que je nomme *la valvul de la glande pinéale*, va du rebord de la commissur postérieure jusqu'à la glande, en remplissant tou l'intervalle compris entre ces parties et se confon dant avec elles.

(1) Ce qu'on voit alors n'est que l'entrée du cul de-sac dont j'ai parlé: avec la moindre attention, est très-facile de s'en assurer.

XLVI. Quelquefois cependant les bords de l'orifice embrassent tellement les veines, qu'on ne peut les distinguer, et qu'on croiroit, au premier coup d'œil, qu'il y a continuité. Glissez alors un stylet le long de ces vaisseaux d'arrière en avant; quand il aura penétré un peu, faites-le tourner tout autour; il dégagera les adhérences, et l'ouverture deviendra très-sensible (1).

XLVII. Pour s'assurer que cette ouverture mène dans le troisième ventricule, il faut introduire un stylet crénelé, l'engager sous les veines de Galien, le pousser doucement; il pénètre sans peine (2). On enlève en-

(1) Toujours vrai et d'accord avec lui-même, Bichat ne peut s'empêcher de remarquer que souvent on n'aperçoit pas l'ouverture, et le moyen qu'il donne est bien propre à faire douter de son existence, car rien n'est si facile que de faire une apparence d'ouverture en faisant mouvoir un stylet autour des veines de Galien.

(2) Ce moyen est encore très-défectueux; car il est évident qu'on fera toujours un canal en *poussant un stylet à travers des vaisseaux fins et déliés*, comme ceux qui avoisinent les veines de Galien; et quand on vient à *inciser sur le traject*, rien n'est si facile que de s'en laisser imposer. Encore Bichat convient-il

suite le corps calleux et la voûte à trois piliers de manière à laisser en place la toile choro dienne; on incise sur le stylet, et l'on vo que, dans tout son trajet, la membrane, lis et polie, n'a point été déchirée pour le laiss pénétrer. Quelquefois on éprouve de la rés stance, on ne peut même le faire parvenir : c la tient à ce que les veines qui viennent se d gorger dans celles de Galien s'entre-croisant e tous sens dans le canal, le rendent, pour ai si dire, aréolaire et arrêtent l'instrument. faut alors le retirer, et, pour démontrer communication, verser dans le trou extérieu du mercure (1), qui, par la position inclin

---

que quelquefois on éprouve de la résistance, et q le stylet ne parvient pas; et la raison qu'il en don est remarquable : les veines qui viennent se *dégo ger dans les veines de Galien, s'accroissent en to sens dans le canal,* et le rendent *pour ainsi di aréolaire, et arrêtent l'instrument.* Il faut conver qu'un canal où des veines s'accroissent en tous se jusqu'au point de le rendre aréolaire, ne ressemb guère à un canal.

(1) Cette expérience ne prouve rien; car si a fait une déchirure avec le stylet, nul doute que mercure ne coulera dans le ventricule moyen; ma

de la tête, parvient tout de suite dans le troisième ventricule. En soufflant aussi de l'air, il parvient dans le troisième ventricule, et de là dans les latéraux par les ouvertures antérieures, exactement décrites par Vicq-d'Azyr. Si on enlève avant l'insufflation la voûte à trois piliers, et qu'on mette à nu la toile choroïdienne, elle se soulève chaque fois qu'on pousse de l'air.

XLVIII. L'orifice interne de ce conduit de communication, caché dans la partie inférieure de cette toile choroïdienne, ne se voit que difficilement; et même si l'on verse un fluide dans le troisième ventricule, il ne ressort pas au-dehors, parce que sans doute ses bords s'affaissent sur eux-mêmes et lui font obstacle (1).

Il faut pour cet essai que les parties soient intactes, et alors jamais aucune parcelle de mercure ne parvient dans le ventricule, à moins d'une rupture.

(1) Bichat convient que l'orifice interne du canal ne se voit que difficilement; il semble même ne l'avoir jamais vu. Cependant si on peut suivre le canal membraneux, et si on peut y introduire un stylet, il ne doit pas être plus difficile de voir l'orifice interne que l'externe. Et comme pour donner des argu-

XLIX. Il paroît donc, d'après ce qui vie d'être dit, 1° que la membrane des ventricu les, analogue par son apparence et sa nature l'arachnoïde, en est un prolongement, et qu le moyen de communication entre elles est le c nal dont j'ai parlé (1); 2° que ce prolongemen plus mince encore que l'arachnoïde déjà si t nue, se déploie d'abord sous le troisième ven tricule (2); 3° descend en arrière par le cal

---

mens contre lui-même, poussé par son bon espr il remarque que si on verse un fluide dans le tro sième ventricule, il *ne ressort pas au dehors;* sa doute, dit-il, parce que les bords de l'orifice s'affa sent sur eux-mêmes et lui font obstacle. Cette rais est la plus faible de toutes; car pourquoi les bor de l'orifice s'affaisseraient-ils? d'ailleurs, lors d grandes accumulations de liquide dans les ventr cules, on ne le voit jamais passer dans la cavité l'arachnoïde : si le canal dont parle Bichat existai le liquide accumulé devrait y pénétrer constammen

(1) Il est au contraire évident, par tout ce qui pr cède, que si la membrane qui se voit dans les vent cules ressemble par sa ténuité à l'arachnoïde, el ne se continue pas avec elle.

(2) Bichat décrit ici d'imagination, car il est im possible de voir de membrane qui revête entièreme

mus scriptorius dans le quatrième, qu'il revêt et où il bouche les ouvertures par lesquelles pénètre la pie-mère pour apporter les vaisseaux (1); 4° se porte en devant à travers les deux trous de communication des ventricules latéraux, trous qu'on ne voit bien qu'en commençant la dissection du cerveau par sa base; tapisse ces ventricules et leurs éminences; 5° se réfléchit sur les plexus choroïdes, bouche, tout

---

le troisième ventricule; dans certains cas seulement il existe une sorte de replis d'apparence membraneuse derrière la commissure des couches optiques.

(1) Je n'ai jamais pu voir aucune trace de membranes dans l'aqueduc de Sylvius, ni sur la valvule de Vieuseus, ni dans le quatrième ventricule; encore moins voit-on une lame membraneuse qui fermerait en bas le quatrième ventricule; il y a au contraire à cet endroit une ouverture normale et libre par laquelle le liquide du rachis peut entrer dans les ventricules du cerveau, et réciproquement, par laquelle un liquide contenu dans les ventricules arrive dans la cavité sous-arachnoïdienne de l'épine. Cette ouverture est constante, et quelquefois assez large pour qu'on puisse y introduire une très-grosse plume. Je l'ai nommée *entrée des cavités du cerveau*. (Voyez mon *Journal de Physiologie*, tom. VII.)

le long de la concavité des hippocampes, communication qu'il y a entre ces cavités l'extérieur, communication par laquelle s'i troduit la pie-mère pour se continuer avec plexus choroïde, lequel est principaleme produit par le prolongement de cette mên membrane, qui pénètre entre l'ouverture d crite ci-dessus et la voûte à trois piliers (1).

L. D'après ce qui vient d'être dit, il est év dent que la membrane séreuse tapissant l ventricules est à l'arachnoïde ce qu'est au p ritoine celle de la cavité des épiploons, et q la plus parfaite analogie existe entre l'ouve ture que j'ai décrite et l'ouverture située so la vésicule du fiel, et qui mène à cette cavit

LI. On conçoit facilement par là un phén mène que l'ouverture des cadavres offre que quefois. On trouve les ventricules très-disten dus, leur cavité doublée, triplée même, et c pendant presque point de sérosité, tandis qu y en a beaucoup à la base du crâne. L'eau n

(1) Bichat continue à décrire, poussé par le b soin d'analogie; mais sa description ne se soutie point à l'inspection attentive des objets dans le état d'intégrité.

pu s'échapper par aucun endroit que par l'ouverture dont j'ai parlé, le cadavre s'étant trouvé couché sur le dos, la tête renversée (1). J'observe à ce sujet qu'un signe certain de la dilatation des ventricules, qui ne paroît pas toujours aisé à distinguer sur un cerveau non incisé, c'est la diminution des anfractuosités, repoussées alors en dehors, et le moins de saillie des circonvolutions, en sorte que la surface cérébrale est presque unie dans tous ses points. Ce signe ne m'a jamais trompé (2).

LII. Je crois que, d'après tout ce qui a été dit dans cet article, il seroit difficile de révoquer en doute l'analogie que présente l'arachnoïde avec les membranes séreuses par sa conformation. Comme elles, on la voit se déployant, et sur l'organe auquel elle appartient,

---

(1) La remarque de Bichat est juste, mais l'explication est mauvaise. Le liquide, dans ce cas, s'échappe par l'ouverture du quatrième ventricule; et, si l'on y met un peu d'attention, on voit que le liquide est entre la pie-mère et l'arachnoïde, et non point dans la cavité de cette dernière, lieu où il devrait se trouver d'après l'explication de notre auteur.

(2) Cette observation est très-juste.

et sur la cavité qui le renferme ; former un
sans ouverture, où se ramasse la sérosité ; e
brassant les nerfs et les vaisseaux, et leur f
mant des gaînes qui les empêchent d'être c
tenus dans ce sac ; enfin s'enfonçant dans
ventricules et y formant un grand append
analogue à celui qu'envoie le péritoine s
l'estomac et le colon, au-devant du pancr
et du duodénum, etc.

LIII. Nous pouvons donc, sans crainte d'
reur, résoudre le problème proposé au co
mencement de cet article, sur la conf
mation de l'arachnoïde, en établissant
proposition suivante : *L'arachnoïde, par*
conformation et son trajet, appartient à la cla
des membranes séreuses (1).

LIV. Mais nous avons vu plus haut que, p
sa nature intime, l'arachnoïde doit être au
rangée dans la même classe de membrane

(1) Cette conclusion est juste, en en séparant to
ce qui a été avancé par Bichat touchant l'introdu
tion de l'arachnoïde dans les ventricules. Mais
rectification de cette erreur étant faite, l'arachnoï
n'en présente que d'une manière plus apparente
plus régulière les caractères des membranes s
reuses.

nous pouvons donc prononcer avec certitude que *l'arachnoïde, sous tous les rapports, est une membrane essentiellement séreuse.*

SECTION IV.

Conclusion générale.

LV. Les faits multipliés, exposés dans ce mémoire, nous permettent de présenter ici quelques vues générales, qui n'en seront pour ainsi dire que les conclusions. Elles ont rapport aux maladies et aux fonctions de l'arachnoïde.

LVI. Il paroît que, dans l'inflammation du cerveau et de ses membranes, l'arachnoïde joue un rôle essentiel. C'est elle qui doit faire rapporter cette inflammation à celle des membranes séreuses ou diaphanes. Si la dure-mère participe à ces affections, c'est à cause du feuillet interne qui la tapisse. Une expérience rend ceci très-manifeste. Mettez sur un animal la dure-mère à découvert, dans une étendue assez considérable de sa surface externe; incisez-la de manière à exposer aussi à l'air sa surface interne : celle-ci sera beaucoup plus vîte enflammée que l'autre, car elle deviendra bien plus vîte rouge, et surtout plus promptemer sensible à l'impression des irritans extérieurs qui est nulle pour l'animal, dans les premiei instants de l'opération (1). Sans doute que dar les inflammations du cerveau, la dure-mèr ne tarde pas à s'enflammer aussi ; mais le siég primitif du mal paroît être dans l'arachnoïd Ne sait-on pas d'ailleurs que ce n'est guèi qu'à la surface interne de la dure-mère, qu est tapissée par elle, ainsi qu'à la surface d cerveau, qu'on observe l'exsudation purulent et les membranes contre nature, qui sont résultat de ces inflammations ? Au reste, il pa roît, par l'observation des maladies, que l'in flammation des membranes fibreuses, tell que la dure-mère, est beaucoup plus lent dans ses progrès que celle des membranes s reuses. L'inflammation du périoste, compar à celle de la plèvre, en est une preuve.

LVII. Quoique les hydropisies de l'arach noïde présentent des phénomènes analogues ceux des autres membranes séreuses, et qu'o

(1) J'ai déjà dit que ce fait, ainsi présenté d'un manière exclusive, n'est point exact ; souvent la dur mère est d'une grande sensibilité, particulièreme dans le voisinage des sinus.

puisse alors la regarder comme un grand réservoir accidentellement plein de sérosité, intermédiaire aux exhalants qui continuent leurs fonctions, et aux absorbants qui les ont cessées; cependant il se rencontre quelques différences assez notables (1). 1°. Dans l'hydropisie générale, où tout le système lymphatique est frappé d'atonie, où tout le tissu cellulaire s'infiltre, toutes les cavités se remplissent, celle-ci échappe presque constamment à la loi générale. 2°. L'hydropisie de l'arachnoïde est plus particulière à l'enfant, au fœtus; celle du péritoine, de la plèvre, de la tunique vaginale, du péricarde, plus souvent observée chez l'adulte. Cela tiendroit-il, pour l'arachnoïde, à la concentration des forces sur la tête, dans

---

(1) Dans le plus grand nombre des cas, ce que Bichat appelle hydropisie de l'arachnoïde, est tout simplement ou l'état sain du liquide *céphalo-spinal*, ou l'augmentation morbide de ce liquide; et dans l'un et l'autre cas le liquide n'est point contenu dans la cavité de l'arachnoïde, mais se trouve en rapport avec la face externe ou cérébro-spinale de son feuillet libre ou interne. Les accumulations de liquides, purulens ou autres, sont très-rares dans la véritable cavité de l'arachnoïde.

le premier âge, époque à laquelle la nature obligée de perfectionner simultanément tou les organes de la vie de relation qui s'y trou vent, semble négliger les autres parties, pou doubler le travail de la nutrition dans celle-ci On sait en général que les premiers instants d l'existence sont, plus que tous les autres, sujet aux maladies de la tête. 3°. Une circonstanc influe sans doute aussi sur la différence des hy dropisies de l'arachnoïde, c'est qu'il y a beau coup moins de vaisseaux absorbants, de ceu au moins qui sont sensibles dans nos prépa rations, à la tête que partout ailleurs, comm l'ont prouvé les recherches des anatomiste modernes, italiens, anglois, et allemands.

LVIII. Je ne parle point ici de l'usage qu' l'arachnoïde d'isoler le cerveau des organe voisins, et de rendre par là sa vie indépendant de la leur : j'ai envisagé ailleurs cette fonctio générale des membranes séreuses.

TRAITÉ

DE LA

MEMBRANE SYNOVIALE.

I. Aucune partie de la physiologie des os n'abonde plus en hypothèses et moins en découvertes, que l'histoire du système synovial. Beaucoup de dissertations et peu de faits; longue série de principes supposés; court ensemble de preuves : voilà presque l'analyse des travaux connus jusqu'à ce jour sur ce point. Les notions acquises jettent ici peu de jour sur celles à acquérir. Il faut pour ainsi dire envisager les choses sous un aspect nouveau : c'est ce que je vais essayer dans ce *Traité*, qui a pour but de faire connoître, 1° le mode par lequel la synovie est transmise aux surfaces articulaires; 2° la disposition générale de la membrane synoviale, agent essentiel de cette transmission; 3° les dispositions particulières de cette membrane dans les diverses articulations.

ARTICLE PREMIER.

Du mécanisme par lequel la synovie est transmis aux articulations.

11. Tout fluide différent du sang ne peu s'en séparer pour être ensuite transmis à un organe, que par un des trois modes suivants 1° par sécrétion, fonction caractérisée par l'existence d'une glande intermédiaire aux vaisseaux sanguins, qui en apportent la matière, et aux vaisseaux excréteurs, qui en exportent le résultat; 2° par exhalation, fonction distinguée de la première par l'absence de cette grande intermédiaire, et par l'immédiate continuité du vaisseau sanguin et du conduit exhalant *

* Cette distinction entre la sécrétion et l'exhalation ne porte que sur les caractères sensibles et observables à l'œil. Il est assez probable en effet qu'il existe aussi dans les glandes une immédiate communication entre le vaisseau sanguin et le conduit excréteur, en sorte que la différence des deux fonctions ne paroît tenir qu'aux replis plus nombreux, à l'entrelacement plus compliqué des deux vaisseaux pour la sécrétion, à leur trajet plus court, à leur marche plus directe pour l'exhalation.

3° par transsudation, phénomène purement physique, presque toujours cadavérique, rarement observé pendant la vie; simple transmission d'un fluide par les pores d'un organe, vers lesquels il est mécaniquement déterminé (1). Examinons quel est de ces trois modes celui choisi par la nature pour déposer la synovie sur les surfaces articulaires.

§ Ier. *La synovie est-elle transmise par sécrétion aux surfaces articulaires?*

III. Nous devons à Clopton Havers le système qui place dans les glandes les sources de la synovie. Casserius, Dulaurens, Séverin, Fa-

---

(1) Bichat a eu malheureusement l'esprit imbu du préjugé que la condition de la vie excluait les phénomènes physiques; cette erreur a exercé une très-fâcheuse influence sur tous ses écrits. Ici, par exemple, il est aujourd'hui démontré que la transmission d'un fluide par les pores d'un organe est un phénomène physique général et commun à tous les tissus et à toutes les membranes, et qui se produit d'autant plus complètement que les parties sont vivantes.

Ce phénomène est si général, qu'un physiologiste ingénieux, mais qui n'est pas toujours assez en garde

brice d'Aquapendente, avoient confusémen désigné ces organes dans les articulations. Cowper crut aussi les y apercevoir, mais Havers e fit l'objet particulier de ses recherches, les décrivit dans les diverses articulations, les distingua en deux classes, l'une principale, l'autre accessoire, leur assigna des caractères évidents selon lui, qu'on ne peut les y méconnoître.

IV. Pelotons rougeâtres, spongieux, formés de membranes reployées sur elles-mêmes, situés tantôt en dehors, tantôt en dedans des articulations, toujours disposés de manière être à l'abri d'une trop forte compression, versant par des conduits en forme de franges fluide qu'ils séparent : tels sont les caractères que tous les anatomistes admirent d'après lui et dont Winslow, Haller, Monro, Albinus, Bertin, consacrèrent surtout la réalité dans leurs ouvrages.

V. Quelques anatomistes de ce siècle ont c

---

contre les leurres de l'imagination, n'a pas craint d proclamer que cette propriété physique était l'élément fondamental de la vie et le principe vital luimême.

pendant jeté des doutes sur ces corps glanduleux. Lieutaud les confond avec le tissu cellulaire graisseux; Desault ne les en distinguoit point. Tout m'a confirmé dans la même opinion, qu'une foule de considérations paroissent établir d'une manière indubitable. Je vais successivement exposer ces considérations.

VI. Ces peletons rougeâtres ne se rencontrent que dans certaines articulations. Il en est plusieurs où leur existence ne peut être établie que par supposition. Le plus grand nombre des capsules muqueuses des tendons n'en présentent certainement aucun, quoique Havers, Albinus, Jungken et Fourcroy les admettent dans toutes, fondés sans doute sur l'analogie, et non sur l'inspection; cependant la synovie se sépare également dans ces deux cas, et lubrifie les surfaces des articulations et des gaînes tendineuses. Cette séparation est donc indépendante de l'action glanduleuse.

VII. Si l'on examine les glandes synoviales les mieux caractérisées, telles que celle de la cavité cotyloïde, on n'y découvre aucune trace de ce parenchyme, inconnu dans sa nature, mais remarquable par sa structure, qui compose en général les glandes, et qui, les distinguant de tout autre partie, forme leur vérita ble caractère organique.

VIII. Aucun conduit excréteur ne peut êtr démontré dans ces organes. Ceux en forme c frange, admis par Havers, sont imaginaires Bertin lui-même a reconnu cette vérité, quo qu'il attribuât à ces corps une structure glar duleuse. La transsudation des fluides injecte par les artères voisines de l'articulation r prouve pas mieux l'existence de ces conduits qu'elle ne l'établit dans la cavité des membra nes séreuses, où elle a lieu également, et où ce pendant il est bien prouvé qu'aucune gland ne verse l'humeur albumineuse qui lubrifi habituellement cette cavité.

IX. L'insufflation résout entièrement e tissu cellulaire ces pelotons graisseux. La ma cération produit le même effet. Lorsqu'un ébullition long-temps continuée et amené par degrés en a enlevé toute la graisse, il n reste qu'un amas de cellules affaissées les unc sur les autres, et semblables à celles du tissı cellulaire ordinaire.

X. Le caractère glanduleux se prononce dan certains cas pathologiques par une tuméfac tion, un endurcissement particulier, dont le organes autres que les glandes, tels que les muscles, les tendons, etc., n'offrent jamais d'exemple. Le foie, les reins, les organes salivaires, toute les glandes sensibles sont remarquables par là. Telle est même la vérité de ce caractère, qu'il sert à indiquer des glandes que leur ténuité nous dérobe dans l'état naturel. Par exemple, l'existence des cryptes de l'estomac, de l'urètre, et de plusieurs autres membranes muqueuses, est fondée d'abord sur l'analogie des autres membranes de cette classe, mais principalement sur le développement accidentel que ces cryptes acquièrent dans certaines maladies. Jamais au contraire les prétendues glandes synoviales n'offrent à l'observateur un semblable développement. Toujours, dans les maladies des articulations, un engorgement commun semble les identifier au tissu cellulaire voisin. Elles n'ont point, comme les autres glandes, des affections isolées de celles de ce tissu, sans doute parce qu'elles n'ont point une vitalité propre; parce que, simples prolongements du tissu cellulaire voisin, elles en partagent la nature, les propriétés, et doivent par conséquent participer à tous les états où il se trouve, comme lui à son tour doit immédiatement recevoir l'influence c leurs affections.

XI. Les considérations que je viens de pr senter successivement forment, je crois, ur somme de données suffisantes pour résoud le problème proposé ci-dessus, en établissa la proposition générale suivante : *La synov n'est point transmise par sécrétion aux surfac articulaires* (1). Passons au second mode c transmission indiqué par les auteurs.

§ II. *La synovie est-elle transmise par transsudatio aux surfaces articulaires?*

XII. C'étoit une opinion anciennement r

---

(1) Si le sens du mot sécrétion est restreint à u appareil sécréteur glanduleux avec un canal excr teur, il est évident que la synovie n'est pas sécrété Mais si on regarde comme organe sécréteur une di position organique dont le but est de séparer d sang un liquide destiné à des usages distincts, il e clair que la synovie est sécrétée, non-seulement pa la membrane synoviale, mais aussi par les frange vasculaires dont il vient d'être fait mention dans l texte.

çue, que la moelle des os longs suinte par les pores de leurs extrémités et par ceux des cartilages qui les terminent, pour lubrifier les surfaces articulaires. Havers renouvela cette idée, oubliée à l'époque où il écrivoit, unit cette source de la synovie à celle qu'il avoit placée dans les glandes, et forma ainsi de cette humeur un mélange composé de deux fluides différemment transmis à l'articulation. La plupart de ceux qui le suivirent, partagèrent son opinion sur ce point. Ceux mêmes, tels que Desault, qui rejetèrent l'existence des glandes articulaires, et par là même la sécrétion de la synovie, en admirent la transsudation, fondés sur les observations suivantes : 1°. Un os long, dépouillé de ses parties molles, et exposé à l'air, laisse échapper par les porosités de ses cartilages un suintement graisseux, qui ne cesse que quand le suc médullaire est complétement épuisé. 2°. La compression mécanique de l'extrémité cartilagineuse d'un os long produit momentanément le même phénomène. Ces faits, évidents pour l'os qui est mort, sont-ils aussi réels dans celui qui vit? Diverses considérations que je vais exposer me conduisent à penser le contraire.

XIII. La force vitale, dont l'effet est d'imprimer à tous les organes qu'elle anime un d gré de ton suffisant pour résister à l'abord d fluides, laisse, en s'évanouissant, les fibres ces mêmes organes dans une laxité qui les rei partout perméables. Aussi la transsudati n'est-elle presque plus aujourd'hui considér que comme un phénomène purement cadav rique, qui, transformé ici en phénomène v tal, offriroit une exception manifeste aux l de la nature, que caractérisent surtout la si plicité et l'uniformité.

XIV. Le suintement graisseux a lieu da l'expérience indiquée ci-dessus, non-seul ment par les pores de cartilages, mais enco à travers ceux de toute la surface de l'os; sorte qu'en raisonnant d'après ce qu'on o serve ici sur le cadavre, il est évident que pe dant la vie l'os entier devroit être, pour ai dire, plongé dans une atmosphère de synovi conséquence qui, prouvée fausse par la pl simple inspection, démontre la fausseté principe dont elle découle.

XV. Les articulations des cartilages du l rynx sont lubrifiés, comme celles des os, p le fluide synovial; et cependant ici toute tra sudation de moelle est impossible, puiqu'el n'existe point dans la substance des cartilage

XVI. La moelle est presque toujours intac

dans les maladies qui, affectant les articulations, altèrent l'humeur qui les lubrifie. Réciproquement la synovie ne prend point un caractère différent dans les affections de l'intérieur des os, qui portent sur l'organe médullaire leur influence spéciale. Une expérience m'a confirmé ce fait, que démontrent d'ailleurs les diverses maladies des os. J'ai ouvert sur les côtés deux os longs d'un des membres postérieurs d'un chien, de manière à y faire parvenir un stylet rougi, qui, ayant été porté à plusieurs reprises, a détruit complétement les deux systèmes médullaires. La nécrose a été le résultat assez prompt de cette expérience, faite déjà par Troja, mais qui m'a offert un résultat qui lui est échappé; c'est l'intégrité de l'articulation qui unissoit les deux os nécrosés. Ce phénomène, constaté par plusieurs expériences, lève tous les doutes sur la non-transsudation de la moelle pour former la synovie. Ce fluide n'auroit-il pas en effet cessé d'humecter l'articulation à la suite de la destruction de l'organe médullaire, si cette transsudation étoit réelle pendant la vie?

XVII. Desault, pour expliquer la manière dont la synovie se sépare du sang, ajoutoit à cette prétendue transsudation de la moelle un suintement fourni par toutes les parties conte nues dans l'articulation, telles que les ligaments capsulaires et inter-articulaires, le: graisses internes, les cartilages, etc. Une comparaison suffira pour apprécier cette hypothèse. Que diroit-on d'un système où, pour expliquer la production de l'humeur séreuse du bas-ventre, on en placeroit la source dans le foie, la rate, les intestins, et en général dans tous les organes de cette cavité? Sans doute on répondroit qu'un fluide identique par sa nature ne sauroit être fourni par des parties de structure si différente, qu'il est bien plus simple d'en chercher la source unique dans l'unique membrane qui revêt tous les viscères gastriques. L'application est exacte, et l'analogie complète pour la cavité articulaire.

XVIII. Nous pouvons, je crois, sans crainte d'erreur, conclure de tout ce qui a été dit ci-dessus, que *la synovie n'est point transmise par transsudation aux surfaces articulaires* (1). Je

---

(1) Il y a une raison plus forte que toutes celles, d'ailleurs excellentes, que vient de donner Bichat; c'est que la synovie est un fluide dont la composition chimique est très-différente de celle de la moelle.

passe au dernier mode, indiqué pour la séparation de la synovie.

§ III. *La synovie est-elle transmise par exhalation aux surfaces articulaires?*

XIX. La solution des deux problèmes précédents semble naturellement amener celle de la question que nous nous proposons ici. En effet, voici deux données sur la certitude desquelles on peut, je crois, compter : 1° la sécrétion, l'exhalation et la transsudation sont les seuls moyens par lesquels un fluide différent du sang peut être transmis à un organe; 2° la sécrétion et la transsudation sont étrangères à la transmission de la synovie. Or, de ces deux données certaines ne peut-on pas tirer cette conséquence certaine aussi : l'exhalation est le mode par lequel la synovie est apportée aux articulations? Mais ajoutons à ces preuves négatives des considérations qui établissent positivement cette proposition.

XX. Les rapports les plus frappants s'observent entre la synovie et le fluide qui lubrifie les parois des membranes séreuses. 1°. Rapport de composition. Ces deux fluides sont essentiellement albumineux ; l'albumine prédomine dans tous deux, quoiqu'un peu différente dan l'un et l'autre. Havers avoit déjà indiqué cett analogie; il savoit que ces deux fluides sont coa gulables par l'alcohol, les acides, le calorique sans connoître le principe auquel est duc cett propriété (1). 2°. Rapport de fonctions. Tou deux sont destinés à lubrifier des surfaces o s'exerce beaucoup de mouvement, à diminuer l frottement qui en est l'inévitable effet, à préve nir les adhérences funestes; tous deux sont dan le même état sur leurs surfaces respectives c'est une rosée qui se répand sur ces surfaces et qui bientôt y est reprise. 3°. Rapport d'affec tions. L'inflammation tarit la source de l'un e l'autre, et détermine des adhérences plus com munes dans les membranes séreuses, plus ra res dans les articulations, où elles produisen l'ankylose; tous deux sont sujets à des aug mentations contre nature. qu'un mot commu désigne, celui d'*hydropisie*. 4° Rapport d'absorp

---

(1) De semblables rapprochemens étaient permi à l'époque où écrivait Bichat; mais les progrès d l'analyse chimique animale ne les permettraient plu aujourd'hui. Nous savons en effet qu'il existe d grandes différences de composition entre la synovi et la sérosité.

tion. Le système lymphatique est pour tous deux la voie par laquelle ils rentrent dans la circulation, après avoir suffisamment séjourné sur leurs surfaces respectives (1).

XXI. Ces divers rapprochements, qui, à quelques différences près dans la composition, associent si visiblement la synovie à l'humeur des membranes séreuses, ne nous mènent-ils pas à cette conséquence bien simple; savoir, que ces deux fluides étant analogues sous tous les autres rapports, doivent l'être aussi par la manière dont ils sont séparés de la masse du sang? Or, c'est un point de physiologie aujourd'hui généralement reconnu, que l'humeur des membranes séreuses y est apportée par exhalation; donc nous sommes évidemment conduits d'induction en induction à celle-ci, qui répond à la question proposée ci-dessus : *La synovie est transmise par exhalation aux surfaces articulaires.*

Cette induction précise, rigoureuse, tirée de

(1) Ceci est encore une erreur où personne ne tomberait plus. Chacun sait en effet que le système lymphatique joue un rôle très-restreint dans l'absorption, et que cette fonction est essentiellement exercée par les veines.

faits palpables et constants, deviendra, je croi une vérité démontrée, si aux analogies préc demment établies nous ajoutons celle de l'o gane membraneux, siége essentiel de l'exhal tion de la synovie. Nous allons nous occup de cette membrane dans l'article suivant.

ARTICLE II.

De la Membrane synoviale, considérée en général.

XXII. Nous avons vu, dans le *Traité d membranes en général*, toutes les grandes cav tés tapissées d'une membrane séreuse, qui fo me, par ses replis, une espèce de sac sans ou verture, lequel embrasse et les organes et l parois de la cavité. Il existe dans toutes les a ticulations mobiles une membrane exactemer analogue, dont les usages sont les même dont la nature n'est point différente, et qu j'appelle *synoviale*, parce que ses parois exh lent et absorbent sans cesse la synovie.

§ Ier. *Organisation extérieure de la Membran synoviale.*

XXIII. On doit donc concevoir toute mem

brane synoviale comme une poche non ouverte, déployée sur les organes de l'articulation, sur les cartilages diarthrodiaux, sur la face interne des ligaments latéraux et capsulaires, sur la totalité des ligaments inter-articulaires lorsqu'ils existent, sur les paquets graisseux saillant dans certaines cavités articulaires, etc. C'est d'elle que ces divers organes empruntent l'aspect lisse, poli, reluisant, qui les caractérise dans ces cavités, et qu'ils n'ont point ailleurs. De même qu'en disséquant exactement les organes gastriques, on pourroit enlever le péritoine, son sac restant intact; de même on concevroit la possibilité de séparer et d'isoler cette membrane, sans les intimes adhérences qu'elle contracte en quelques endroits. Toutes les parties qu'elle embrasse sont hors de la cavité articulaire, quoique saillantes dans cette cavité, comme le poumon se trouve à l'extérieur du sac formé par la plèvre, le foie à l'extérieur de la poche péritonéale, etc. etc. (1).

---

(1) Il y a dans cette description une grande erreur de fait; la membrane synoviale n'existe ni sur les cartilages diarthrodiaux, ni sur les fibro-cartilages inter-articulaires: quelque soin que l'on prenne,

XXIV. On trouve la membrane synoviale dans toutes les articulations mobiles, dont le plus grand nombre n'ont qu'elle et des ligaments latéraux. Ce qu'on appe l communément *capsule fibreuse* ne se rencontre qu'autour de quelques surfaces articulaires. Le connexions de l'humérus, du fémur, et de certains autres os dont les extrémités se joignent par énarthrose, en offrent seules de exemples. On voit dans ces articulations deux enveloppes très-distinctes : l'une, fibreuse est extérieure, et se trouve disposée en forme de sac ouvert en haut et en bas, embrassant par ces deux grandes ouvertures les surfaces des deux os, et se confondant autour d'elles avec le périoste, qui entrelace ses fibres avec les siennes. L'autre, celluleuses, qui est la membrane synoviale, tapisse la première à l'in-

---

quelque préparation qu'on leur fasse subir, il es impossible d'y apercevoir la moindre trace de membrane : c'est bien le cartilage lui-même qui est lisse et poli pour se prêter aux frottemens multipliés dont il est le siége. Les synoviales forment donc des sacs ouverts par les deux extrémités, et ne peuven sous ce rapport être comparées aux véritables membranes séreuses qui forment des sacs sans ouverture.

térieur, s'en sépare ensuite lorsqu'elle arrive vers les deux cartilages diarthrodiaux, et se réfléchit sur eux, au lieu de s'unir au périoste. M. Boyer a indiqué cette disposition.

XXV. Dans toutes les articulations ginglymoïdales, comme dans celles du coude, du genou, des phalanges de la main, du pied, etc., etc., la capsule fibreuse manque absolument. Les fibres, au lieu de s'étendre et de s'entrelacer en membrane, se ramassent en faisceaux plus ou moins épais, qui forment les ligaments latéraux; on ne trouve plus que le feuillet interne des articulations énarthrodiales, c'est-à-dire la membrane synoviale, laquelle ne contracte non plus ici aucune adhérence avec le périoste, mais se réfléchit sur les cartilages. En la prenant à l'endroit de cette réflexion, on peut la détacher assez avant, et se convaincre ainsi qu'elle offre une organisation externe, toute différente de celle que présente d'abord à l'esprit l'idée d'une capsule articulaire. Cette disposition est extrêmement facile à apercevoir par la moindre dissection : au genou, derrière le tendon du crural et le ligament inférieur de la rotule; au coude, sous le tendon du triceps; aux phalanges, sous celui de l'extenseur, etc. Tous les arthrodies ont aussi une organisation analogue, comme on le ve ra dans l'article suivant : en sorte qu'on peu assurer que les capsules fibreuses n'existen que dans un petit nombre d'articulations que presque toutes n'ont que des poches sy noviales qui se déploient, se réfléchissent su les surfaces osseuses, sans s'attacher autou d'elles, comme l'ont écrit tous les auteurs (1)

XXVI. J'ignorois, l'an passé, cette remar quable différence des articulations, lorsque j publiai un *Mémoire sur la membrane synovial* Je l'ai constatée, cet été, par une foule de dis sections. Quelques anatomistes étoient sur l voie de la découvrir, lorsqu'ils ont observ que diverses capsules paroissoient toutes for mées du tissu cellulaire. C'est en effet la tex ture de la membrane synoviale qui diffère es sentiellement en cela des capsules fibreuses Que l'on conserve, si l'on veut, le mot d *capsule* pour toutes les articulations; mais alor

---

(1) Ce fait est au contraire très-contestable : l'ex stence d'une lame synoviale sur les surfaces articu laires cartilagineuses est impossible à démontrer comme nous allons le voir en suivant l'auteur dan ses preuves.

il faudra lui attribuer nécessairement des idées différentes. Comparez, par exemple, la capsule fibreuse du fémur à la capsule synoviale du genou, vous trouverez, d'un côté, 1° un sac cylindrique à deux grandes ouvertures pour les extrémités osseuses, à plusieurs petites pour les vaisseaux; 2° un entrelacement fibreux, semblable à celui des tendons, des aponévroses; 3° un mode de sensibilité analogue à celui de ces organes; 4° l'usage de retenir fortement en place les os articulés, qui n'ont que ce lien pour affermir leur union. D'un autre côté, vous observerez, 1° un sac sans ouverture; 2° une structure celluleuse, identique à celle des membranes séreuses; 3° une sensibilité de même nature que la leur; 4° la simple fonction de contenir la synovie et de la séparer, les os étant assujétis par de forts ligaments.

XXVII. L'existence de la membrane synoviale dans toutes les articulations où elle se trouve seule, est mise hors de doute par la plus simple inspection. Dans celles où elle est unie à une capsule fibreuse, on la distingue encore très-bien en différents endroits. Ainsi, au fémur, on la dissèque sur le ligament inter-articulaire, sur le peloton graisseux de la cavité cotyloïde, sur le col de l'os, aux endr où elle abandonne la capsule fibreuse pou réfléchir sur les cartilages, etc.; mais adhérence à ces cartilages et à la face inte de la capsule pourroit élever quelques dou sur sa disposition en forme de sac partout mé que nous lui avons attribuée; il est de essentiel de présenter quelques considérati propres à dissiper ces doutes.

XXVIII. 1°. Quelque fortes que soient les hérences de la membrane synoviale, on p vient à les détruire sans solution de contin té par une dissection lente, ménagée a soin, et commencée à l'endroit où la memb ne se réfléchit du cartilage sur la capsule (1 la macération long-temps continuée pern

---

(1) J'ai essayé bien des fois de faire cette sépa tion, et toujours je me suis convaincu que la sy viale finit sur la circonférence du cartilage. En s posant que la membrane s'y étende, le moin frottement des surfaces articulaires suffirait pour détruire, puisqu'on voit dans certains cas les car lages eux-mêmes entièrement usés, bien que le organisation physique les rende propres à su porter des pressions très-fortes et des frotteme répétés.

aussi de l'enlever par lambeaux. 2°. A la suite de certaines inflammations, cette membrane prend une épaisseur et une opacité qui permettent de la distinguer de tous les organes voisins, de ceux même auxquels elle est le plus adhérente (1). 3°. Les bourses muqueuses des tendons sont tout aussi adhérentes que la membrane synoviale aux cartilages de leur gaîne et à cette gaîne elle-même ; cependant tout le monde leur reconnoît une existence isolée. 4°. Il est des articulations à capsule fibreuse, où les fibres écartées laissent entre elles des intervalles par où la synovie s'échapperoit, si la membrane synoviale ne les tapissoit. Lorsqu'on pousse de l'air dans l'articulation, on voit celle-ci se soulever à travers ces espaces, et présenter une texture toute différente de celle de la capsule. Bertin a fait cette observation ; mais il a cru que ces pellicules

(1) A la suite de *certaines* inflammations, il se dépose dans l'articulation un fluide albumineux concrescible, qui s'organise en fausse membrane et simule la synoviale épaissie ; mais avec un peu d'attention on s'aperçoit facilement de la non-continuité de la synoviale avec la couche membraniforme qui revêt accidentellement le cartilage.

étoient isolées, et n'a point vu qu'elles dépe
doient de la continuité de la membrane, q
se prolonge sur toute l'articulation. 5°. No
avons observé, à l'article *des Membranes sére
ses*, que l'aspect lisse et poli que présente
surface des organes des cavités leur est to
jours donné par ces membranes, et que jama
ils ne l'empruntent de leur propre structur
or, nous verrons que la membrane synovia
a la même texture que les séreuses; donc
paroît qu'aux endroits où les organes artic
laires présentent ce caractère, c'est d'elle qu'
le reçoivent, quoiqu'on ne puisse pas la di
tinguer aussi bien sur ces organes que là c
elle est libre. D'ailleurs les articulations év
demment dépourvues de cette membrane i
présentent point cet aspect lisse et poli. Tell
sont les surfaces de la symphyse pubienne, c
la symphyse sacro-iliaque, qui se trouven
quoique contiguës, inégales, rugueuses, et
Nous avons prouvé aussi que jamais cette forn
organique n'est due à la compression.

XXIX. Si l'on ajoute à ces diverses conside
rations l'analogie indiquée de la synovie ave
le fluide séreux, analogie qui prouve celle qu
existe entre les deux sortes d'organes d'où s'é
coulent ces fluides, on se convaincra facilemen

je crois, que, malgré l'adhérence de la synoviale sur divers points, elle doit être considérée d'une manière exactement analogue à celle des membranes séreuses, c'est-à-dire comme une véritable poche sans ouverture, partout continue et déployée sur tous les organes de l'articulation (1). D'ailleurs, n'avons-nous pas vu les membranes fibro-séreuses présenter de semblables adhérences, quoique l'existence isolée des deux feuillets qui les composent soit généralement avouée?

XXX. D'après l'idée que nous nous sommes formée de la membrane sýnoviale, il est facile de concevoir comment certains organes traversent l'articulation sans que la synovie s'échappe par l'ouverture qui les reçoit, ou par celle qui les transmet au-dehors. La membrane synoviale, alors réfléchie autour de ces organes, leur forme une gaîne qui les sépare du fluide et les isole de l'articulation. Aussi le

---

(1) Encore une fois, la forme de poche sans ouverture ne peut donc, d'après ce que nous avons dit, s'appliquer aux synoviales; ces membranes présentent, au contraire, deux larges ouvertures au moins, dont le contour est adhérent intimement à la circonférence du cartilage articulaire.

tendon du biceps n'est-il pas plus renfe: dans l'articulation du bras avec l'omopl que la veine ombilicale, l'ouraque, etc., d la cavité péritonéale. Avec la moindre att tion, on parvient à l'isoler de la portion membrane qui forme sa gaîne.

XXXI. Les considérations précédentes n mènent aussi à trouver une identité parf entre les capsules muqueuses des tendon les bourses synoviales. Dans l'exemple pré dent, ces deux sortes de membranes sont ‹ demment continues ; car la capsule de la c lisse bicipitale est de même nature que c des tendons, qui en ont une isolée, com les fléchisseurs, par exemple.

§ II. *Organisation intérieure de la membra synoviale*

XXXII. Nous venons de voir que, par conformation extérieure, la synoviale app tient essentiellement à la classe des memb: nes séreuses ; elle doit aussi y être rangée] son organisation interne. Cette organisation toute cellulaire, comme le prouvent la diss‹ tion, l'insufflation, et surtout la macératic La poche qui forme les ganglions n'est évidei ment qu'une production de l'organe cellulaire : or, on sait que cette poche exhale et contient un fluide semblable à la synovie. Partout où la membrane synoviale est libre, elle tient en dehors à cet organe et se confond avec lui d'une manière si immédiate, qu'en enlevant successivement ses différentes couches, on les voit se condenser peu à peu et s'unir enfin étroitement entre elles pour la former. De même que dans les membranes séreuses, aucune fibre n'y est distincte. Elle devient transparente lorsqu'on l'isole exactement des deux côtés, ce qu'il est aisé de faire au genou, dans une très-grande étendue.

XXXIII. Je ne reviendrai pas sur les diverses preuves qui ont établi la structure celluleuse des membranes séreuses ; toutes ces preuves sont applicables aussi à la synoviale, qui paroît n'être qu'un entrelacement d'absorbants et d'exhalants. D'après cela, il est facile de concevoir ce que sont les paquets rougeâtres et graisseux disséminés autour des articulations. Ils remplissent, à l'égard de cette membrane, les fonctions du tissu cellulaire abondant, qui enveloppe le péritoine, la plèvre, etc., etc. C'est là que les vaisseaux sanguins se divisent à l'infini avant d'arriver à la membrane où leurs ramifications, succesivement décroissantes, se terminent enfin par le exhalants (1).

XXXIV. Si une rougeur remarquable distingue quelquefois ces pelotons d'avec le tissu cellulaire, c'est que les vaisseaux y sont plu concentrés, plus rapprochés. Par exemple, à l'articulation de la hanche, dont la membrane synoviale, presque partout adhérente, ne correspond que dans l'échancrure de la cavité cotyloïde à du tissu cellulaire, la nature y a entassé presque toutes les ramifications artérielle qui fournissent la synovie; de là la teinte rougeâtre du paquet celluleux qu'on y rencontre (2)

---

(1) Cette opinion, dénuée de preuves, n'a aucun valeur scientifique. Les opinions, même celles de hommes d'un grand talent, n'ont d'importance qu'en ce qu'elles doivent porter à les vérifier par l'expérience, c'est-à-dire les transformer en faits, si elle sont confirmées; ou on les rejette comme des erreurs, si l'expérience les démontre telles.

(2) Il est facile de se convaincre cependant qu ces paquets contiennent de la synovie; si, après le avoir bien essuyés sur un animal vivant, on regard leur surface avec attention, on en voit sourdre de l

Au contraire, au genou, où beaucoup de tissu cellulaire entoure toute la face externe du sac synovial, les vaisseaux, plus disséminés, laissent à ce tissu la même couleur qu'à celui de la face externe des membranes séreuses, etc. Cette rougeur de quelques prétendues glandes synoviales, seul caractère qui les distingue, ne leur est donc pour ainsi dire qu'accidentelle; elle n'indique pas plus leur nature glanduleuse, qu'elle ne la prouve dans la pie-mère, où elle dépend de la même cause.

§ III. *Forces vitales de la membrane synoviale.*

XXXV. La sensibilité organique est le seul partage des membranes synoviales dans l'état ordinaire, comme me l'ont prouvé plusieurs essais sur les animaux vivants, où ces surfaces ont été mises à nu et irritées par divers agents. Mais l'augmentation de vie qu'y détermine l'inflammation, en exaltant cette sensibilité, la transforme en celle de la relation: c'est ce que

---

synovie. Sur les cadavres, en les pressant légèrement entre les doigts, on en exprime le même liquide.

l'on observe, 1° dans les plaies où ces mer branes sont exposées au contact de l'air; 2° lc de l'irritation prolongée qu'elles éprouvent la part des corps étrangers accidentelleme développés dans l'articulation ; 3° dans les verses affections des surfaces articulaires, etc

XXXVI. Ce mode de sensibilité des mer branes synoviales sert à confirmer ce que j déjà établi plus haut ; savoir, que la plupa des articulations, les ginglymoïdales surtou sont dépourvues de capsules fibreuses. En effe j'ai fait observer que les capsules, ainsi que l ligaments latéraux, ont un mode de sensibili de relation, qui se développe dans l'état sa par les tiraillements qu'on leur fait éprouve Voilà pourquoi, si l'on met à découvert da un animal une articulation ginglymoïdale, q l'on enlève tous les organes voisins, excepté synoviale et les ligaments latéraux, et que l' torde ensuite l'articulation, l'animal donne l signes de la plus vive douleur. Mais coupe-t- ensuite les ligaments, en laissant seulement synoviale, la torsion n'est plus sensible, et l' peut impunément distendre, déchirer l'art culation. Donc il n'y avoit point de capsule i breuse jointe à la synoviale.

XXXVII. Cette expérience, facile à répét

sur les membres antérieurs ou postérieurs, peut servir à y reconnoître partout les articulations où existe une membrane synoviale seule, et celles où s'y trouve jointe une capsule fibreuse. Celle-ci, étant de même texture que les ligaments latéraux, détermine les mêmes douleurs lorsqu'on la tiraille, comme le prouvent d'ailleurs des expériences faites sur les articulations revêtues de ces capsules.

XXXVIII. L'évacuation des hydropisies articulaires du genou, à la suite desquelles la membrane synoviale revient sur elle-même, l'absorption habituelle de ces membranes, prouvent leurs forces toniques, qui d'ailleurs n'ont rien de particulier dans leur développement.

§ IV. *Fonctions de la membrane synoviale.*

XXXIX. La synoviale paroît absolument étrangère à la solidité de l'articulation ; les capsules fibreuses et les ligaments latéraux remplissent seuls cet usage. La surface lisse que les extrémités articulaires empruntent de cette membrane favorise leurs mouvements ; elle peut même, sous ce rapport, aider à l'action musculaire : ainsi les portions de synoviale qui se trouvent au genou derrière le crural, au coude sous le triceps, aux phalanges sous les fléchisseurs, etc., remplissent à l'égard de ces muscles les fonctions des bourses muqueuses; elles sont à leurs tendons ce qu'est à celui du psoas et de l'iliaque la poche cellulaire, qui la sépare de l'arcade crurale, etc.

XL. Le principal usage de la membrane qui nous occupe est relatif à la synovie; elle exhale par une foule d'orifices ce fluide, qui y séjourne quelque temps, et rentre ensuite par absorption dans la circulation. Ses parois sont donc le siége de l'exhalation, comme le rein, par exemple, est celui de la sécrétion de l'urine. Le réservoir du fluide exhalé, c'est le sac sans ouverture qu'elle forme, comme la vessie est celui de l'urine venue du rein. Les vaisseaux excréteurs de ce même fluide, ce sont les absorbants qui les rejettent dans la masse du sang, comme l'urètre transmet au-dehors l'urine de la vessie. Il y a sous ces divers rapports, plus d'analogie qu'il ne le semble d'abord, entre la sécrétion et l'exhalation (1).

XLI. Les phénomènes du séjour de la sy-

(1) Je n'ai pas besoin de faire remarquer que cette comparaison est forcée et sans utilité.

novie dans ce réservoir membraneux sont relatifs à elle-même ou aux surfaces articulaires. Les premiers consistent dans une altération particulière, mais inconnue, qu'elle subit entre les systèmes exhalant et absorbant. Les seconds concourent à faciliter les mouvements articulaires. L'enduit onctueux et glissant que les surfaces reçoivent de la synovie est singulièrement propre à cet usage.

ARTICLE III.

XLII. Après avoir indiqué en général la disposition de la membrane synoviale, il faut en décrire le trajet sur les diverses articulations où elle se déploie. La forme générale indiquée ci-dessus reste toujours la même; c'est toujours un sac sans ouverture, embrassant les divers organes articulaires. Mais, suivant que ces organes sont plus ou moins nombreux, plus ou moins rapprochés, écartés, etc., elle offre des variétés que nous allons rechercher. Il n'est pas inutile, auparavant, de retracer rapidement la classification des articulations, afin de pouvoir distribuer nos descriptions plus méthodiquement.

XLIII. J'observe que je me servirai, pour

exprimer chaque articulation, d'une expression composée du nom des os qui concourent à la former; ainsi, au lieu de cette expression : articulation de l'humérus avec l'omoplate, je dirai : articulation *scapulo-humérale*. Cela évitera des circonlocutions, et la nomenclature nouvelle, qui, dans plusieurs autres parties, surcharge de mots le langage anatomique, servira ici à l'en débarrasser. J'emploierai ici quelques-unes des bases adoptées par M. Chaussier.

§ Ier. *Division générale des articulations.*

XLIV. Les articulations peuvent être envisagées sous un double point de vue : 1° dans l'ordre de leur position à la tête, au tronc, aux membres ; 2° suivant l'ordre des classifications nombreuses auxquelles on les a assujetties. La seconde méthode me paroît préférable, parce qu'en rapprochant les unes des autres les articulations dont la structure est analogue, elle nous mettra à même de présenter, outre la description de leur membrane synoviale, quelques vues sur les rapports généraux de leurs fonctions.

XLV. Toutes les articulations se rapportent à deux classes générales. La mobilité est le caractère de la première, l'immobilité celui de la seconde. L'une appartient aux os locomoteurs des membres et du tronc, à certains os qui servent aux fonctions internes, tels que la mâchoire et les côtes, etc. L'autre se rencontre spécialement dans les os dont l'ensemble forme des cavités destinées à garantir des organes essentiels. La tête et le bassin en offrent un exemple.

XLVI. La classe des articulations mobiles renferme deux genres, dont les caractères sont tirés des mouvements, tantôt faciles à exécuter en tous sens, tantôt bornés à certains. Ce sont les articulations, 1° mobiles et vagues; 2° mobiles et bornées.

XLVII. Dans le genre des articulations mobiles et vagues se trouvent trois espèces, dont le caractère se tire des surfaces osseuses qui les forment, et qui sont, ou contiguës et libres, ou contiguës et serrées les unes contre les autres, ou continues entre elles par une substance intermédiaire. 1°. La mobilité est l'apanage de la première espèce, toujours placée à la partie supérieure des membres, où elle retire de cette situation un double avantage. D'un côté, très-éloignée de la partie du membre immédiatement en butte à l'action des corps extérieurs, elle échappe plus facilement aux luxations, auxquelles la dispose son peu de solidité. D'un autre côté, elle peut imprimer au membre des mouvements généraux, qui suppléent à ceux des articulations inférieures dont la solidité exclut la mobilité en tous sens. C'est l'articulation non-seulement des os qui la forment, mais encore du membre qu'elle meut en totalité. L'énarthrose du fémur et de l'humérus est un exemple de cette disposition. 2°. La seconde espèce est remarquable par sa solidité; aussi la rencontre-t-on aux endroits du membre où s'exerce immédiatement l'effort des agents extérieurs, tels que le tarse, le métatarse, le carpe, le métacarpe, etc. 3°. La mobilité et la solidité réunies caractérisent la troisième, qui se trouve dans les organes destinés, comme les vertèbres. au double usage de garantir une partie importante et de servir à la locomotion.

XLVIII. Au genre des articulations mobiles et bornées se rapportent deux espèces caractérisées aussi par les surfaces osseuses, qui sont, 1° inégales, à éminences et enfoncements réciproquement reçus les uns par les autres ; 2° uniformes et à une seule direction. L'une, destinée à la flexion et à l'extension, occupe le milieu des membres, se trouve au coude, au genou, aux doigts, etc. L'autre, plus propre à la rotation latérale, se voit à l'avant-bras, à la seconde vertèbre.

XLIX. La classe des articulations immobiles renferme trois genres, caractérisés par le mode d'union des surfaces osseuses qui se trouvent, 1° juxta-posées, 2° engrenées, 3° implantées. Le premier genre se rencontre là où le seul mécanisme des parties suffit presque pour assurer la solidité des os. Ainsi les os maxillaires enclavés entre les pommettes, les unguis, l'ethmoïde, les palatins, le vomer, le coronal, sont soutenus plus par le mécanisme général de la face, que par les liens articulaires qui les unissent l'un à l'autre, et qui permettroient un facile déplacement. On trouve le second genre là où l'influence du mécanisme général étant moindre, il faut que la solidité de l'articulation y supplée : ainsi les deux pariétaux sont fixés entre eux et par le mécanisme du crâne, dont tous les os s'arcboutent, et par leur engrenure réciproque. Enfin, le troisième genre s'observe là où le mécanisme de la partie étant nul, la solidité de l'os est toute due à l'articulation. Les dents nous offrent un exemple de cette disposition.

L. Le tableau suivant permettra d'embrasser

du même coup d'œil toutes ces diverses artic lations.

	CLASSES.	GENRES.	ESPÈCES.
ARTICULATIONS.	Ire. Mobiles :	Ier. Mobiles et vagues ;	Ire. à surfaces contiguës et libres . . . . . .[Énarthrose.]
			IIe. à surfaces contiguës et serrées. . . . . .[Arthrodie.]
			IIIe. à surfaces continues.[Amphiarthrose.
		IIe. Mobiles et bornées.	Ire. à surfaces inégales. .[Ginglyme angulaire.]
			IIe. à surfaces uniformes.[Ginglyme latér
	IIe. Immobiles :	Ier. à surfaces juxta-posées . . . .[Harmonie.]	
		IIe. à surfaces engrenées. . . . .[Suture.]	
		IIIe. à surfaces implantées . . . .[Gomphose.]	

LI. Plusieurs articulations du tableau que viens de présenter ne doivent pas évidemme nous occuper, puisqu'aucune membrane sync viale ne s'y trouve. La seconde classe nous e étrangère sous ce rapport, de même que la tre sième espèce du premiere genre de la premièr classe : nous n'aurons donc à nous occuper qu des énarthroses, des arthrodies, et des deu espèces de ginglymes.

§. II. *Articulations mobiles et vagues à surfaces libres.* [Énarthrose.]

LII. Cette espèce comprend deux variétés. Dans l'une, il y a 1° mouvement d'opposition en tous sens, en arrière et en devant, en dedans et en dehors, etc; 2° mouvement de circonduction, assemblage de tous ceux-ci; 3° mouvement de rotation sur l'axe de l'os. L'humérus et le fémur sont les seuls exemples de cette variété. L'autre variété ne diffère de la précédente que parce qu'il lui manque le mouvement de rotation sur l'axe, tous les autres lui appartenant. Je range ici les articulations de la clavicule, de la mâchoire, etc.

1re VARIÉTÉ.

LIII. L'humérus et le fémur se ressemblent beaucoup par leurs articulations supérieures. Tous deux exécutent en tous sens des mouvements très-étendus, mais qui présentent cependant une différence essentielle, et qu'on n'a point envisagée d'une manière générale: c'est que la rotation et la circonduction s'y trouvent en raison exactement inverse. La rotation est très-étendue dans le fémur, et la circonduction ou mouvement en fronde, assez borné; l'humérus au contraire jouit d'un mouvement de circonduction très-sensible, mais n'a qu'une foible rotation. La raison mécanique et les avantage de cette disposition sont faciles à saisir.

LIV. Au fémur, la longueur du col, qui est le levier de la rotation, détermine beaucoup d'étendue dans ce mouvement, lequel supplée à la pronation et à la supination, qui manquent à la jambe, en sorte que toute rotation du pied est un mouvement de totalité du membre. A l'humérus, au contraire, le col, très-court, rapprochant de l'axe de l'os le centre du mouvement, borne la rotation, qui est moins nécessaire, à cause de celle de l'avant-bras; le mouvement en dehors ou en dedans de la main n'est donc jamais ici communiqué que par une partie du membre.

LV. Quant à la circonduction, ou mouvement en fronde, la longueur du col du fémur y est un obstacle. En effet, remarquons que ce mouvement est en général d'autant plus facile qu'il est exécuté par un levier rectiligne, parce qu'alors l'axe du mouvement est l'axe même du levier; qu'au contraire, si le levier est angulaire, le mouvement devient d'autant plus difficile, parce que l'axe du mouvement n'est plus celui du levier, et en général on peut dire que la difficulté du mouvement est en raison directe de la distance de ces deux axes. Cela posé, observons que l'axe du mouvement de circonduction du fémur est évidemment une ligne droite obliquement dirigée de la tête aux condyles, et éloignée par conséquent en haut de l'axe de l'os par tout le col. Or, d'après ce qui vient d'être dit, il est évident que la difficulté de la circonduction sera en raison directe de la longueur du col, et par conséquent assez grande. A l'humérus, au contraire, le col étant très-court, l'axe de l'os et celui du mouvement sont presque confondus. De là la facilité et l'étendue de la circonduction. On pourroit fixer rigoureusement le rapport de ces mouvements par cette proportion : la circonduction de l'humérus est à celle du fémur comme la longueur du col de l'humérus est à la longueur du col du fémur ; ce qui nous mène à déterminer de combien la circonduction du fémur est plus difficile que celle de l'humérus ; il suffit, en effet, pour le savoir, de connoître l'excès de longueur du col du premier os sur celui du second. Borelli, Keil, Sauvages, Hamberger, etc., eussent exprimé ceci par des formu mathématiques qui me paroissent inutiles.

LVI. Il est facile de sentir les avantages cette étendue très-grande dans la circondı tion des membres supérieurs destinés à l'ε préhension, et des bornes mises par la natı à celle des membres inférieurs, destinés à station et à la locomotion.

LVII. Venons maintenant à la structure ‹ deux articulations de l'humérus et du fémı elles ont chacune une forte capsule fibreı continue au périoste, dont elle naît, point ligaments latéraux, beaucoup de tissu cel laire à leurs environs; leurs membranes syı viales sont très-distinctes: voici comment el se comportent à l'humérus.

LVIII. *Articulation scapulo-humérale.* 1°. I tapisse la cavité glénoïde; 2° descend tout long de la capsule, dont elle revêt la face terne, où la dissection de dehors en dedans démontre; 3° se réfléchit sur la tête de l'l mérus, sur le col de cet os à sa partie interı sur les tendons des sous-épineux, sus-épine et sous-capsulaire; elle est remarquable sur dernier tendon, qui perçant visiblement la ca sule, se trouveroit dans l'articulation, sans ce réflexion de la membrane synoviale. On rend sensible cette disposition, en incisant transversalement la capsule et elle entre ce tendon et celui du biceps : alors on voit ces deux membranes l'une fibreuse, l'autre cellulaire, s'écarter et passer, la première derrière, la seconde au-devant du tendon. 4°. Celle-ci descend dans la coulisse bicipitale, la tapisse jusqu'à l'endroit où sort le tendon, se réfléchit sur lui, remonte en lui formant une gaîne qui l'embrasse de la même manière qu'on l'observe dans les capsules des gaînes tendinenses, se continue ensuite avec la portion que nous avons vue tapisser la cavité glénoïde, et forme de cette manière le sac sans ouverture, représenté par toute cette classe de membranes. Au reste, il est facile de s'assurer de sa réflexion sur le tendon du biceps, dans la coulisse bicipitale, et par la dissection, et par l'infusion d'un fluide quelconque, par exemple, du mercure, que soutient alors le cul-de-sac formé par cette réflexion.

LIX. *Articulation ischio-fémorale.* Au fémur, la membrane synoviale 1° tapisse la cavité cotyloïde, où elle devient très-manifeste sur le peloton graisseux que renferme son échancrure, soit par la dissection, soit en soufflant le tissu graisseux ; 2° se reploie sur le bourrelet et de: cend tout le long de la face interne de la ca] sule, à laquelle elle communique le poli qui caractérise ; 3° l'abandonne et se réfléchit e bas sur le col du fémur, où un tissu très-lâcl la sépare évidemment de l'os, qui se trouve dépouillé de son périoste; 4° se prolonge d col sur la tête du fémur, dont elle revêt le ca tilage, et avec lequel elle contracte d'intim adhérences; 5° quitte celui-ci, et, se prolo geant le long du ligament inter-articulaire, h forme une gaîne très-facile à être séparée par dissection, qui, de même que celle du tendo du biceps, empêche ce ligament d'être re fermé dans l'articulation, et se continue e suite sur la cavité cotyloïde, d'où nous l'avoi supposé partir.

LX. D'après ce qui vient d'être dit, il e évident que les deux articulations précédent sont enveloppées chacune par un sac membra neux à double feuillet, l'un fibreux, naissa du périoste des deux os articulés, et se co fondant avec cette membrane, dont la natu est la même que la sienne; l'autre séreu purement cellulaire, se réfléchissant sur c os sans s'y attacher, et absolument étrang au périoste. Aussi le feuillet séreux du péri carde se réfléchit-il sur le cœur, tandis que le fibreux se prolonge et se confond avec la tunique externe des gros vaisseaux.

LXI. Quelques auteurs ont prétendu qu'il y avoit communication entre la capsule du tendon du sus-épineux et l'articulation de l'humérus. Je n'ai pu rencontrer cette disposition ; mais j'ai vu sur un cadavre apporté, il y a trois ans, dans mon amphithéâtre, un fait assez remarquable : ce sujet avoit au bras gauche une luxation ancienne, qui fut disséquée. On trouva la tête logée dans le creux de l'aisselle, entourée d'une capsule artificielle, dont l'aspect, à sa face interne, étoit le même que celui de la membrane synoviale, qui se trouvoit humide d'une humeur analogue à celle de cette membrane, et qui, comme la plupart des kystes, étoit probablement formée par les cellules rapprochées du tissu cellulaire. La cavité de cette capsule communiquoit avec celle de l'articulation par la déchirure du ligament ombiculaire et de la membrane synoviale. Cette déchirure étoit située inférieurement, et la synovie pouvoit ainsi alternativement passer de l'une à l'autre cavité. La cavité articulaire ne s'étoit point rétrécie, comme plusieurs auteurs l'ont dit, par le gonflement du cartilage. Je n'ai pu savoir la date de cette luxation, qui devoit être ancienne, puisque ce kyste avoit eu le temps de se former. Ce fait prouve au reste, et la possibilité de la réduction des luxations anciennes de l'humérus, puisque la cavité étoit restée dans son état naturel; et la nécessité d'exécuter dans cette réduction de grands mouvements pour détruire les attaches du kyste accidentel à la circonférence de la tête osseuse.

IIe VARIÉTÉ.

LXII. La deuxième variété des énarthroses diffère de la précédente, en ce que les articulations qui s'y trouvent classées n'exécutent point de mouvement de rotation. Pour en concevoir la raison, observons que dans toutes les articulations l'axe de la tête mobile est le même que celui de l'os : ainsi, à l'extrémité sternale de la clavicule, à l'extrémité métacarpienne des premières phalanges, la surface articulaire est traversée par l'axe même de l'os. Au contraire, au fémur et à l'humérus, cet axe fait un angle avec celui de la tête osseuse : or, il est évident que la rotation ne peut s'exécuter que dans ce dernier cas; car c'est le seul où il y ait un levier de mouvement, levier que représente cet axe de la tête osseuse et du col qui la soutient ; tel est, par exemple, à la cuisse, l'axe du col et de la tête du fémur : l'étendue de la rotation est en raison directe de la longueur de ce levier ; quand il diminue, elle devient moins sensible, comme à l'humérus ; quand il disparoît, elle doit donc devenir nulle, comme aux articulations dont nous parlons.

LXIII. Je range dans cette seconde variété les articulations de la clavicule avec le sternum du poignet, des premières phalanges du pied et de la main avec les os du métatarse et du métacarpe, de la mâchoire avec le temporal. En effet, à la rotation près, toutes ces articulations exécutent les mêmes mouvements que celles spécialement désignées sous le nom d'*énarthroses*. Voici quelle est la disposition de leurs membranes synoviales.

LXIV. *Articulation temporo-maxillaire.* L'union du temporal avec la mâchoire ne doit point être envisagée sous le rapport des liens articulaires, comme on le fait communément. Cette espèce d'articulation est visiblement dépourvue d'une capsule fibreuse. Ce que les auteurs ont indiqué sous ce nom n'est autre chose qu'une double membrane synoviale qui paroît continue, mais qui réellement est très-distincte. L'une de ces membranes se déploie, 1° sur la fosse du temporal et son apophyse transverse; 2° sur la face supérieure du ligament inter-articulaire; 3° forme, en se portant de l'un à l'autre, la partie supérieure de ce qu'on appelle communément la *capsule*. L'autre embrasse, 1° le condyle en arrière plus qu'en avant; 2° la face inférieure du ligament inter-articulaire; 3° constitue, dans son trajet du premier à la seconde, la partie inférieure de la prétendue capsule.

LXV. Il y a donc ici deux sacs adossés, sans communication de l'un avec l'autre, excepté dans les cas où la substance intermédiaire est percée, séparés, dans l'état ordinaire, par cette substance ou ce ligament, lequel n'est point continu avec cette double membrane, mais se trouve seulement soutenu par la manière dont il est embrassé par chacune. La circonférence n'est pas, comme on le dit, unie à la capsule; car jamais un corps fibreux ne se confond et ne s'identifie avec une membrane séreuse. Chaque sac synovial, arrivé à cette circonférence, se reploie sur le ligament, et se propage ensuite sur l'une et l'autre face, en sorte que, sans l'adhérence qu'il y contracte, on conçoit la possibilité de l'enlever sans pénétrer dans les deux cavités. Au reste, le ligament articulaire est presque toujours fixé en dehors par un prolongement fibreux, au moyen duquel il se continue entre les deux membranes avec le périoste du côté externe du condyle. Le reste de la circonférence continue aussi en devant, entre les deux points où elles se réfléchissent, avec les fibres aponévrotiques du ptérygoïdien externe, se trouve libre dans les autres sens, et correspondant seulement à du tissu cellulaire et aux deux ligaments latéraux. La dissection convaincra facilement de cette disposition anatomique des parties, en montrant la réflexion de chaque membrane, et sur le ligament moyen, et sur les surfaces articulaires, où elle n'a point de continuité avec le périoste, comme les capsules fibreuses.

LXVI. *Articulation sterno-claviculaire.* Cette articulation a deux poches synoviales, n'a point non plus de capsule fibreuse. Les ligaments antérieurs et postérieurs, l'inter-claviculaire, forment quelquefois en devant, par leur continuité, une enveloppe analogue; mais souvent ils sont distincts et séparés. Alors on voit paroître dans leurs intervalles les membranes synoviales, qui s'élèvent en petites vésicules, surtout quand on agite fortement l'articulation en divers sens. D'ailleurs, la membrane synoviale supérieure se remarque toujours seule en dehors, séparée par du tissu graisseux du ligament costo-claviculaire : voilà pourquoi le ligament inter-articulaire, ne trouvant point là d'autres corps fibreux que le périoste, s'y attache, tandis qu'en devant, en arrière et en dedans, c'est aux ligaments qu'il se fixe; ce qui confirme une observation que j'ai développée plus haut, savoir, qu'aucune membrane séreuse ne sert d'insertion aux ligaments, aux tendons, etc., mais que toujours ce sont les membranes fibreuses qui remplissent cet usage.

LXVII. Des deux membranes synoviales de cette articulation, la première embrasse la facette articulaire du sternum et la face sternale du ligament claviculaire; tapisse, en se portant de l'une à l'autre, la partie supérieure des ligaments antérieurs et postérieurs ; le tissu graisseux voisin du costo-claviculaire paroît quelquefois, comme je viens de le dire, entre les deux premiers et l'inter-claviculaire. La seconde se déploie sur l'extrémité sternale de la clavicule, sur la partie inférieure des ligaments antérieurs et postérieurs, sur la face claviculaire du ligament inter-articulaire, qui se trouve vraiment ainsi hors des deux cavités, quoique concourant à les séparer. La réflexion en haut et en bas des deux membres synoviales est sensible sur lui, en sorte qu'on voit très-bien que ce n'est point avec elles, mais avec les ligaments et le périoste, qu'il se continue. Au reste, ces deux membranes sont remarquables par la sécheresse habituelle où on les trouve sur le cadavre.

LXVIII. *Articulation radio-carpienne.* L'articulation du poignet présente très-distinctement une membrane synoviale, qui, 1° embrasse en bas le scaphoïde, le semi-lunaire et le pyramidal, se distingue facilement à l'endroit où ces os sont unis par un tissu intermédiaire, entre le scaphoïde et le semi-lunaire surtout; 2° tapisse, en devant, en arrière et sur les côtés, les ligaments antérieurs, postérieurs et latéraux; 3° se réfléchit en haut sur l'extrémité du radius et la face carpienne du ligament inter-articulaire du cubitus. Pour bien voir cette membrane dans l'endroit correspondant aux ligaments, il faut les fendre dans un point quelconque de leur adossement; le double feuillet se sépare alors sans peine.

LXIX. *Articulation métacarpo-phalangienne.* Cette articulation, commune dans la main, à chacun des doigts et des os du métacarpe, a

beaucoup d'analogie avec celle du pied; il suf
fira donc, je crois, d'en décrire ici la mem
brane synoviale, pour avoir une idée de cell
qui lui correspond au pied. Elle manque
comme à la clavicule, de capsule fibreuse. Le
organes extérieurs qui la fortifient, sont, e
arrière le tendon des extenseurs; en devant un
couche fibreuse à direction transversale, su
laquelle passent les tendons fléchisseurs; d
chaque côté un fort ligament. La membran
synoviale répond à tous ces organes et aux sur
faces articulaires. 1°. Elle tapisse la portion d
tendon extenseur correspondante à l'articula
tion, très-libre en haut, fortement adhérent
en bas; en renversant ce tendon sur la con
vexité du doigt, elle devient très-apparente
on la voit, non point en naissant du périoste
comme les capsules fibreuses, mais lâche
ment unie au tissu cellulaire, et se reployan
sur la face articulaire de l'os du métacarpe
en sorte qu'en la disséquant à ce repli, o
peut la conduire, sans l'intéresser, jusqu'au
cartilages, où elle devient très-adhérente. 2°. Ell
passe sur la face articulaire supérieure de l
première phalange; 3° remonte ensuite en re
vêtant les ligaments latéraux et la couche f
breuse antérieure, sur la face articulaire infe

rieure de l'os du métacarpe; mais, avant d'y parvenir, il est à remarquer qu'elle se déploie dans un petit espace sur la face antérieure de cet os, lequel concourt ainsi à agrandir les surfaces articulaires en devant, et à favoriser par là même la flexion de la première phalange.

LXX. *Articulation carpo-métacarpienne du pouce.* L'os du métacarpe du pouce est remarquable par la mobilité qui le distingue essentiellement de l'os du métatarse correspondant, que caractérise une grande solidité d'articulation. L'usage de l'un, relatif à l'appréhension, celui de l'autre à la station, expliquent cette différence. L'articulation du premier appartient à la classe qui nous occupe actuellement. Elle paroît être pourvue d'une capsule fibreuse, naissant du périoste du trapèze et de l'os du métacarpe, mais ayant des fibres moins serrées que celle des énarthroses véritables, et laissant voir dans les intervalles qu'offrent ces fibres des portions de la membrane synoviale, laquelle embrasse les deux surfaces articulaires, s'y déploie plus largement en avant qu'en arrière, revêt ensuite tout l'intérieur de la capsule fibreuse, dont la séparent cependant quelques petits paquets graisseux.

§ III. *Articulations mobiles et vagues, à surfaces serrées.* [Arthrodies.]

LXXI. Plusieurs des articulations que j'ai rapportées à la deuxième variété de l'espèce précédente appartiennent à celle-ci dans la plupart des livres d'anatomie, dans celui de M. Boyer, par exemple; cependant elles ont évidemment plus de rapport avec les énarthroses, puisqu'elles en ont tous les mouvements, excepté la rotation, tandis que l'arthrodie n'est caractérisée que par le mouvement de glissement qu'elle exécute, et auquel la réduit la disposition serrée des surfaces articulaires. Au reste, il auroit mieux valu sans doute en faire une espèce intermédiaire à l'énarthose et à l'arthrodie.

LXXII. J'ai pensé depuis long-temps que la meilleure division des articulations mobiles seroit celle qui, fondée sur leurs mouvements, nous montreroit ces mouvements décroissant successivement de l'énarthrose la plus étendue à l'arthrodie la plus serrée, et par conséquent la plus voisine des articulations immobiles. D'après cette idée, telle seroit à peu près la division :

CLASSES.	MOUVEMENTS.	EXEMPLES.
Ire.	1°. Opposition en tous sens. 2°. Circonduction. 3°. Rotation sur l'axe. 4°. Glissement.	ARTICULATIONS Scapulo-humérale, Ischio-fémorale.
IIe.	1°. Opposition en tous sens. 2°. Circonduction. 3°. Glissement.	ARTICULATIONS Sterno-claviculaire, Temporo-maxillaire, etc.
IIIe.	1°. Opposition en deux sens. 2°. Glissement.	ARTICULATIONS Huméro-cubitale, Fémoro-tibiale, etc., etc.
IVe.	Glissement.	ARTICULATIONS Calcanéo-astragalienne, Péronéo-tibiale, etc.

LXXIII. Dans cette série, méthodiquement distribuée, on voit la nature réunir tous les mouvements dans certaines articulations, les diminuer ensuite par gradation, en se rapprochant des articulations immobiles, et y arriver enfin réduite au seul glissement, qui souvent est à peine sensible. Il est même encore un intermédiaire au glissement et à l'immobilité, c'est l'articulation de la symphyse pubienne, dont une partie est à surfaces contiguës, comme les articulations mobiles, et une partie à surfaces continues, comme les immobiles. Cette articulation et celle de l'humérus peuvent dans la série former les deux extrêmes de la mobi lité.

LXXIV. Je n'ai point adopté cette division parce qu'en plaçant dans un cadre neuf de descriptions nouvelles aussi, l'attention fixé sur l'un est souvent de moins pour celle qu l'on dirige sur les autres.

LXXV. Revenons à nos articulations arthro diales. Je les divise, comme les énarthroses en deux variétés ayant chacune pour caractèr général la disposition serrée des surfaces et l seul mouvement de glissement, mais distin guées, l'une, parce que ce mouvement y es apparent, l'autre, parce qu'il y est ordinaire ment insensible. Dans la première, je rang les articulations, 1° de la première vertèbr avec l'occipital; 2° des vertèbres entre elles par leurs lames articulaires; 3° du carpe; 4° d métacarpe; 5° des divers os du tarse; 6° d ceux du métatarse. A la seconde appartiennen les articulations de l'extrémité, 1° huméral de la clavicule, 2° sternale des côtes, 3° supé rieure du péroné.

1re VARIÉTÉ.

LXXVI. *Articulation occipito-altoïdienne.* Le sac synovial de cette articulation embrasse

1° les condyles de l'occipital, avec une petite portion de cet os en devant; 2° la facette vertébrale correspondante: 3° en passant de l'une à l'autre, elle tapisse en devant un trousseau fibreux descendant de l'occipital; en arrière et en dehors, beaucoup de tissu cellulaire; en dedans, l'extrémité du ligament transversal, qui, sans elle, se trouveroit dans l'articulation; une partie du ligament latéral de l'apophyse odontoïde; des paquets graisseux qui font saillie dans l'articulation, et qu'autrefois on prenoit pour des glandes synoviales. Cette membrane est très-visible aux endroits de sa réflexion, à ceux des paquets graisseux du tissu cellulaire. Aucune capsule fibreuse ne se rencontre ici.

LXXVII. *Articulation axoïdo-altoïdienne.* Cette articulation, plus lâche que toutes celles des apophyses articulaires, dépourvue de capsule fibreuse, présente une membrane synoviale très-distincte, et dont le trajet est celui-ci: 1° elle se déploie sur la facette articulaire de l'atlas, dont elle tapisse non-seulement le cartilage, mais encore la circonférence osseuse; 2° on la voit descendre sur la facette de la deuxième vertèbre, qu'elle revêt de la même manière, en tapissant en devant un faisceau fibreux qui descend de l'atlas; en arriè beaucoup de tissu cellulaire; en dedans, ligaments de l'intérieur du canal vertébral; dehors, l'artère vertébrale, qui, dans son t jet en cet endroit, en emprunte une envelo séreuse, analogue en petit à ce qu'on voit grand dans l'aorte, qu'embrassent le pérical la plèvre et le péritoine, aux endroits où e passe à leur niveau, et qui, sans cette disp sition, se trouveroit baignée par la synovie l'articulation. Les auteurs ont désigné ce membrane synoviale sous le nom de *capsu* ainsi que la plupart de celles qui ont déjà exposées; mais il est facile de voir que sa n ture est toute celluleuse, et qu'elle ne s'attac point, comme on le dit, autour des surfa articulaires, mais qu'elle s'y réfléchit sa nulle continuité avec le périoste.

LXXVIII. *Articulation vertébrale.* La mer brane synoviale n'a rien ici de particulier; e embrasse les deux faces articulaires, tapisse passant de l'une à l'autre les organes voisin et se trouve dans toutes, notamment au col aux lombes, isolée en dehors des capsules lig menteuses.

LXXIX. *Articulation costo-vertébrale.* Ur très-foible membrane synoviale embrasse d'ur part la facette de l'apophyse transverse; de l'autre, celle de la côte, et facilite leur glissement réciproque. Beaucoup de tissu cellulaire l'entoure.

LXXX. *Articulation carpienne et métacarpienne.* L'articulation latérale du scaphoïde avec le semi-lunaire, de celui-ci avec le pyramidal, communique dans l'articulation de la première avec la seconde rangée, et cette articulation générale communique elle-même avec les articulations particulières du trapèze et du trapézoïde, de ce dernier et du grand os, du grand os et du crochu, de ces divers os avec les os du métacarpe correspondants, et même de ces os du métacarpe entre eux. Une membrane synoviale commune se déploie en forme de sac sans ouverture sur toutes ces surfaces articulaires, et sur la face interne des ligaments multipliés qui les unissent. On peut, en enlevant avec précaution plusieurs de ces ligaments, la rendre sensible, parce qu'elle n'y adhère souvent que par un tissu lâche. On la distingue encore en les coupant tous avec elle, sur la convexité du carpe, et en renversant ensuite tous ces petits os; sa face interne se voit très-bien alors du côté opposé; elle est aussi apparente sur le col de la tête du grand os, à qui elle sert d périoste. Les auteurs ont désigné cette mem brane sous le nom de *capsule;* ils l'ont isolé ment décrite pour chaque os, disant qu'ell n'existoit qu'en devant et en arrière, et qu'ell manquoit aux endroits de communication mais elle est évidemment partout continue Les deux articulations du troisième avec l quatrième os du métacarpe ne communiquen point entre elles, et l'antérieure, isolée, a tou jours une membrane synoviale qui lui es propre. Le pisiforme et le pyramidal ont auss leur membrane propre.

LXXXI. *Articulation calcanéo-astragalienne* L'astragale et le calcanéum s'unissent chacu par une double surface isolée. De là deux ar ticulations : l'une, postérieure, n'est embras sée que par une membrane synoviale mince qui, après avoir tapissé le cartilage de l'astra gale, descend en recouvrant en avant un li gament intermédiaire aux deux articulations en arrière beaucoup de graisse qui la sépar du tendon d'Achille, en dehors et en dedan des ligaments latéraux, avec lesquels elle con tracte d'intimes adhérences, puis se déploi sur la facette du calcanéum, dont elle revê non-seulement la partie supérieure, mais en core la circonférence, surtout en dehors. La seconde articulation des deux os astragale et calcanéum est commune aussi au scaphoïde. Sa membrane synoviale, 1° revêt la facette de ce dernier os ; 2° passe sur un paquet graisseux et sur un trousseau ligamenteux qui la séparent de la facette du calcanéum, et où elle est très-manifeste ; 3° se continue sur celle-ci ; 4° vient sur la face cartilagineuse de l'astragale correspondante aux deux précédentes ; 5° revient au scaphoïde, en tapissant les ligaments qui l'unissent à l'astragale. Les auteurs ont désigné ces deux membranes sous le nom de *capsules*, et ont dit qu'elles s'attachoient autour des surfaces articulaires, quoiqu'il n'y ait là que réflexion et nullement insertion.

LXXXII. *Articulation calcanéo-cuboïdienne.* Le sac synovial de cette articulation se déploie sur les deux surfaces articulaires ; puis, en passant de l'une à l'autre, tapisse en haut des fibres ligamenteuses, desquelles on l'isole aisément et dont les interstices le laissent souvent apercevoir ; en bas, le ligament filamenteux ; en dedans, un amas de fibres ligamenteuses et du tissu cellulaire intermédiaire au calcanéum, au cuboïde et au scaphoïde ;

en dehors, la gaîne synoviale du tendon du muscle long péronier : en sorte qu'ici deux membranes de même nature se trouvent adossées.

LXXXIII. *Articulation cunéo-scaphoïdienne* Trois facettes entièrement taillées sur le scaphoïde reçoivent les trois facettes supérieures des cunéiformes. Dans cette articulation générale s'ouvrent les articulations partielles des cunéiformes. Une membrane synoviale commune se déploie ici, comme au carpe, sur toutes les surfaces articulaires et sur les ligaments qui les unissent.

LXXXIV. *Articulation cunéo-cuboïdienne.* Le troisième cunéiforme concourt seul avec le cuboïde à cette articulation, qu'embrasse une capsule synoviale très-mince, recouverte en haut et en bas par des fibres ligamenteuses, dans le reste de son étendue par du tissu cellulaire.

LXXXV. *Articulations métatarsiennes.* Le premier os du métatarse a une articulation isolée avec le premier cunéiforme; des fibres ligamenteuses affermissent en haut et en bas cette articulation; en dedans, ce sont les prolongements du tendon du jambier antérieur. Le sac synovial se déploie sur toutes ces parties, ainsi que sur les surfaces articulaires ; il ne correspond en dehors qu'à du tissu cellulaire.

LXXXVI. La capsule synoviale de l'articulation du second os n'est qu'un prolongement de celle de l'articulation du scaphoïde avec les cunéiformes, prolongement qui se déploie, 1° sur les faces correspondantes du second cunéiforme et du second os du métatarse ; 2° sur la facette inférieure et externe du premier cunéiforme et la facette latérale du même second os métatarsien, en formant en bas un cul-de-sac qui retient la synovie ; 3° sur les ligamens supérieur et inférieur, moyen d'union de toutes ces articulations.

LXXXVII. Une membrane synoviale isolée se déploie sur l'articulation du troisième os métatarsien avec le troisième cunéiforme, se prolonge sur les facettes contiguës du second et du troisième os métatarsiens, du troisième et du quatrième, et forme en ces deux endroits des culs-de-sac.

LXXXVIII. Les deux derniers os du métatarse ont, pour leurs articulations avec le cuboïde et pour celle de leurs surfaces latérales et contiguës, une membrane synoviale unique, formant entre eux un cul-de-sac, déployée sur toutes les faces articulaires, et facile à distinguer en plusieurs endroits, entre les liens fibreux qui l'entourent.

IIe VARIÉTÉ.

LXXXIX. Les articulations dont nous allons parler terminent, pour ainsi dire, la classe des articulations mobiles; elles mènent aux immobiles par une transition presque insensible, transition à laquelle est cependant encore intermédiaire la symphyse du pubis, comme je l'ai dit plus haut.

XC. *Articulation acromio-claviculaire.* Deux facettes obliques composent cette articulation, dépourvue de capsule fibreuse, fortifiée en haut par des fibres accessoires, partout ailleurs environnée du tissu cellulaire, et ayant une capsule synoviale mince, réfléchie sur les faces articulaires et sur les parties voisines. Cette capsule est double lorsqu'il existe un ligament inter-articulaire

XCI. *Articulation péronéo-tibiale.* On ne trouve ici qu'une capsule synoviale, assez apparente, recouverte en avant et en arrière par des trousseaux ligamenteux, dont la sépare le tissu cellulaire, correspondant dans tous ses autres points à ce tissu.

XCII. *Articulation sterno-costale.* Aucune articulation ne présente plus obscurément que celle-ci la membrane synoviale. A peine peut-on distinguer quelques replis passant des facettes du sternum à celles des côtes; peu et peut-être point de synovie s'y rencontre; les surfaces sont inégales, raboteuses. Si cette membrane existe ici, cette articulation est vraiment la transition de celles qui en sont pourvues à celles que la nature en a privées.

§ IV. *Articulations mobiles et bornées, à surfaces inégales.* [Ginglyme angulaire.]

XCIII. A cette espèce se rapportent les articulations, 1° du genou, 2° du coude, 3° du coude-pied, 4° des phalanges entre elles, 5° de la tête des côtes avec le corps des vertèbres. Toutes se trouvent, comme les précédentes, dépourvues de capsules fibreuses, embrassées seulement par des trousseaux ligamenteux et revêtues d'une simple membrane synoviale, se réfléchissant des organes qui entourent l'articulation sur les surfaces articulaires, et ne s'insérant point, comme ont dit les auteurs, autour de ces surfaces. Comme la plupart de ces articulations sont très-considérables, celle du genou en particulier, on y distingue avec la plus grande facilité cette disposition anatomique générale, jusqu'ici méconnue.

XCIV. *Articulation fémoro-tibiale.* Pour décrire avec exactitude la membrane synoviale de cette articulation, la plus apparente de celles de l'économie organique, supposons-la partir d'un point quelconque, et, de là, suivons son trajet sur les nombreux organes qui entourent et fortifient l'articulation. 1°. En renversant de haut en bas le fémoral, on la voit libre dans un grand espace, recouverte seulement par beaucoup de graisse, ne s'attachant point, mais se réfléchissant au-devant des condyles, en sorte qu'on peut la disséquer jusqu'au bord du cartilage, quoiqu'elle se réfléchisse bien au-delà, principalement sur les côtés, où elle parcourt un assez long trajet en dehors des condyles, lâchement unie à eux. 2°. De là elle descend intimement adhérente à la rotule dans le milieu, très-lâchement unie sur les côtés aux prolongements aponévrotiques qui terminent le triceps, en sorte qu'en disséquant ceux-ci de haut en bas, elle devient très-apparente, et plus en dehors fixée aux ligaments latéraux. 3°. Elle devient en bas postérieure au ligament inférieur de la rotule, et s'en trouve séparée par un paquet graisseux très-abondant, saillant dans l'articulation, où il se trouveroit contenu sans elle; là, elle envoie d'avant en arrière, à l'intervalle des deux condyles, un prolongement improprement désigné sous le nom de *ligament œdipeux:* c'est un véritable canal qui peut recevoir un stylet entre ses parois affaissées, et qui s'épanouit ensuite sur les condyles en se continuant avec la portion de membrane synoviale qui les tapisse. 4°. Elle se réfléchit sur la face articulaire du tibia, et sur les ligaments semi-lunaires, qu'elle embrasse par leurs deux faces et leur circonférence interne, l'externe n'en étant point revêtue, excepté au niveau du passage du poplité sur l'externe de ces deux ligaments, qui se trouvent ainsi hors de la cavité que lubrifie la synovie. 5°. Elle remonte au-devant des ligaments croisés, est très-sensible sur eux, tapisse la graisse contenue dans l'intervalle des condyles, et qui est entièrement située hors de l'articulation. 6°. Revient enfin sur ces condyles après avoir préliminairement recouvert les tendons des jumeaux et du poplité, et s'épanouit sur la surface articulaire du fémur, en se continuant ensuite derrière les extenseurs, d'où nous l'avons supposée partir. Au reste, cette articulation, manifestement dépourvue de capsule fibreuse, est assez fortement assujettie par les tendons qui passent autour d'elle, les ligaments qui s'étendent de l'une à l'autre face articulaire, et l'épanouissement de l'aponévrose du triceps. Aucune n'est plus propre à donner une idée générale de la membrane synoviale, qui s'y trouve isolée dans de larges espaces, très-facile à distinguer dans tous les endroits où elle se réfléchit.

XCV. *Articulation huméro-cubitale.* Pour disséquer exactement la membrane synoviale de cette articulation, il faut, comme dans le cas précédent, renverser de haut en bas le tendon des extenseurs. On la voit alors, 1° s'étendre de la cavité olécrâne qu'elle revêt à l'apophyse du même nom, libre de toute adhérence, seulement recouverte par du tissu cellulaire graisseux et par quelques fibres accessoires; 2° se prolonger dans la cavité sygmoïde, la tapisser, ainsi que la partie supérieure du rayon; 3° descendre entre ces deux os, revêtir la partie interne du ligament annulaire, l'abandonner ensuite et se prolonger plus bas le long du col du rayon, sur lequel elle se réfléchit ensuite, en formant un cul-de-sac demi-circulaire; on la voit facilement se prolonger au-delà du ligament annulaire, en disséquant de bas en haut le court supinateur, qui recouvre ces parties; 4° remonter derrière les fibres ligamenteuses situées au-devant de l'articulation, desquelles la sépare un tissu graisseux, et dont les intervalles la laissent souvent voir; 5° se réfléchir sur la cavité coronoïde, et se porter ensuite à la cavite olécrâne, dont elle a été supposée partir.

XCVI. Les deux articulations précédentes, essentiellement analogues, par leur mouvement, soit par la place qu'elles occupent dans le membre, soit par la disposition des organes environnants, présentent une différence assez remarquable. Leur flexion et leur extension se font exactement en sens inverse, en sorte que le mouvement, qui dans l'un se dirige en avant, est dirigé en arrière dans l'autre, et réciproquement. La raison de cette disposition est facile à saisir. En effet, tous les efforts un peu considérables, exécutés avec les membres supérieurs, se font dans le sens de la flexion; c'est donc antérieurement que devoit répondre cette flexion, pour que les organes de la face pussent en diriger les mouvements; mais, d'un autre côté, remarquons que presque tous exercent une influence sur le tronc, et tendent à le porter aussi un peu en devant: si donc la flexion de la jambe eût été dans ce sens, le poid du corps venant à faire ployer, au moindr effort, cette articulation, le centre de gravit eût été porté trop en devant, et au moindr effort la chute auroit eu lieu; au contraire l'extension de la jambe bornant ses mouve ments en devant, elle offre un solide appui, qu transmet, sans crainte de vacillations, le centr de gravité sur la base de sustentation.

XCVII. Je me suis demandé aussi pourquoi dans la demi-flexion, la circonduction es très-étendue au genou, très-peu au coude C'est que les ligaments croisés, qui font le fonctions que remplit au coude l'olécrâne unissent alors lâchement les surfaces articu laires, au lieu que, plus serré contre elles l'olécrâne, qui est le dernier centre de ce mouvements, les permet avec peine. Revenon à nos articulations.

XCVIII. *Articulation tibio-astragalienne* Cette articulation est assujettie en avant pa une couche fibreuse, descendant du tibia su les côtés et surtout en dehors par de forts li gaments, qui naissent des malléoles, dan divers points de sa circonférence, par plusieur gaînes tendineuses. C'est sur toutes ces partie que se déploie la capsule, en même temp que sur la face de l'astragale, sur celles réunies du tibia et du péroné. Elle est très-distincte dans l'intervalle des ligaments, environnée là où ils manquent de beaucoup de tissu graisseux, lâchement unie en devant, fortement adhérente aux ligaments latéraux.

XCIX. *Articulations phalangiennes.* Les phalanges du doigt de la main et du pied s'articulent entre elles au moyen d'un double condyle, reçu dans une double cavité. Voici le trajet de leur membrane synoviale : 1° elle est libre derrière le tendon extenseur, où on la voit en le renversant en bas ; elle en tapisse la partie postérieure ; 2° descend sur la face articulaire inférieure, en recouvrant les ligaments latéraux ; 3° remonte à la supérieure, en passant sur un bourrelet ligamenteux transversalement situé au-devant de l'articulation ; 4° forme au-devant de la phalange supérieure un cul-de-sac très-étendu, qui embrasse près du tiers inférieur de sa face antérieure et favorise singulièrement la flexion ; 5° revient sur les condyles de la face articulaire supérieure, et de là sur le tendon extenseur.

C. Personne, je crois, n'a fait mention du bourrelet fibreux, à fibres transverses, dont il a été parlé plus haut ; libre par ses bords, il se fixe par ses extrémités sur les côtés l'articulation, qu'il garantit de l'impressi des fléchisseurs ; il se trouve embrassé par capsule synoviale de ce tendon en devant, arrière par celle de l'articulation.

CI. *Articulation costo-vertébrale.* Il est pr que aussi difficile de distinguer ici la me brane synoviale, qu'à l'articulation stern des côtes ; elle paroît exister cependant, e brassant le sommet de la côte, les deux facet vertébrales et le ligament moyen. Plusie ligaments la cachent.

§ V. *Articulations mobiles et bornées, à surf uniformes.* [Ginglyme latéral.]

CII. Cette espèce d'articulations a deux riétés ; dans l'une, deux facettes articulai situées aux deux extrémités de l'os, serven le faire rouler sur celui qui lui sert d'app Une seule facette se rencontre dans l'aut ou, s'il en a deux, elles sont au même nive

1ère VARIÉTÉ.

CIII. *Articulation atloïdo-odontoïdien* Deux petites capsules synoviales unissent facettes articulaires antérieure et postérie l'odontoïde avec les facettes correspondantes de l'atlas et du ligament transversal, tendu derrière cette apophyse. Aucune fibre ne fortifie cette foible articulation, qu'on trouve toujours assez abondamment humide de synovie.

IIe VARIÉTÉ.

CIV. *Articulation radio-cubitale.* J'ai dit, en traitant de l'articulation du coude, comment se comportoit la capsule synoviale pour embrasser la tête supérieure du radius. En bas, son articulation avec le cubitus présente une petite bourse synoviale déployée, 1° sur l'extrémité cartilagineuse du cubitus et sur la face interne du col qui la soutient ; 2° sur la face cubitale du ligament inter-articulaire ; 3° sur le tissu graisseux, situé autour de l'articulation : peu de fibres accessoires existent ici ; la capsule synoviale se rencontre presque seule ; elle est très-facile à distinguer. Le ligament inter-articulaire se trouve enchâssé entre cette membrane et celle du poignet, et ne leur est point continu par sa circonférence.

FIN.

TABLE ANALYTIQUE

DES MATIÈRES.

TRAITÉ

DES MEMBRANES EN GÉNÉRAL.

ARTICLE PREMIER.

Considérations générales sur la classification des membranes.

ARTICLE II.

Des Membranes muqueuses.

ARTICLE III.

Des Membranes séreuses.

ARTICLE IV.

Membranes fibreuses.

ARTICLE V.

Des Membranes composées.

ARTICLE VI.

Membranes non classées.

ARTICLE VII.

Des Membranes contre nature.

TRAITÉ

DE LA MEMBRANE ARACHNOÏDE.

SECTION PREMIÈRE.

Considérations générales.

SECTION II.

Déterminer la nature intime de l'arachnoïde.

SECTION III.

Déterminer le trajet et la forme de l'arachnoïde sur les organes qu'elle enveloppe.

SECTION IV.

Conclusion générale.

TRAITÉ

DE LA MEMBRANE SYNOVIALE.

ARTICLE PREMIER.

Du mécanisme par lequel la synovie est transmise aux articulations.

ARTICLE II.

De la Membrane synoviale, considérée en général.

ARTICLE III.

Des Membranes synoviales en particulier.

FIN DE LA TABLE.

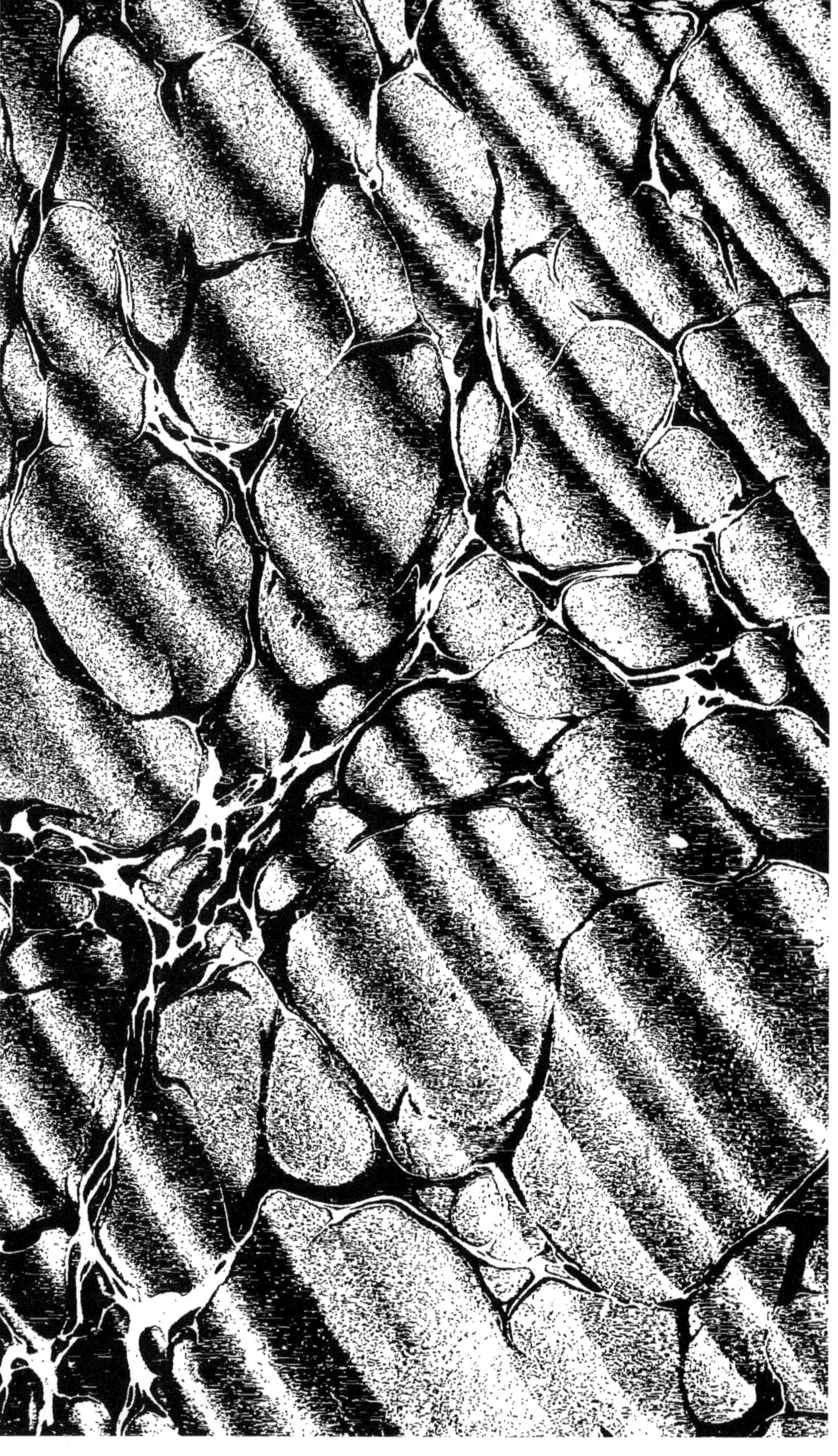

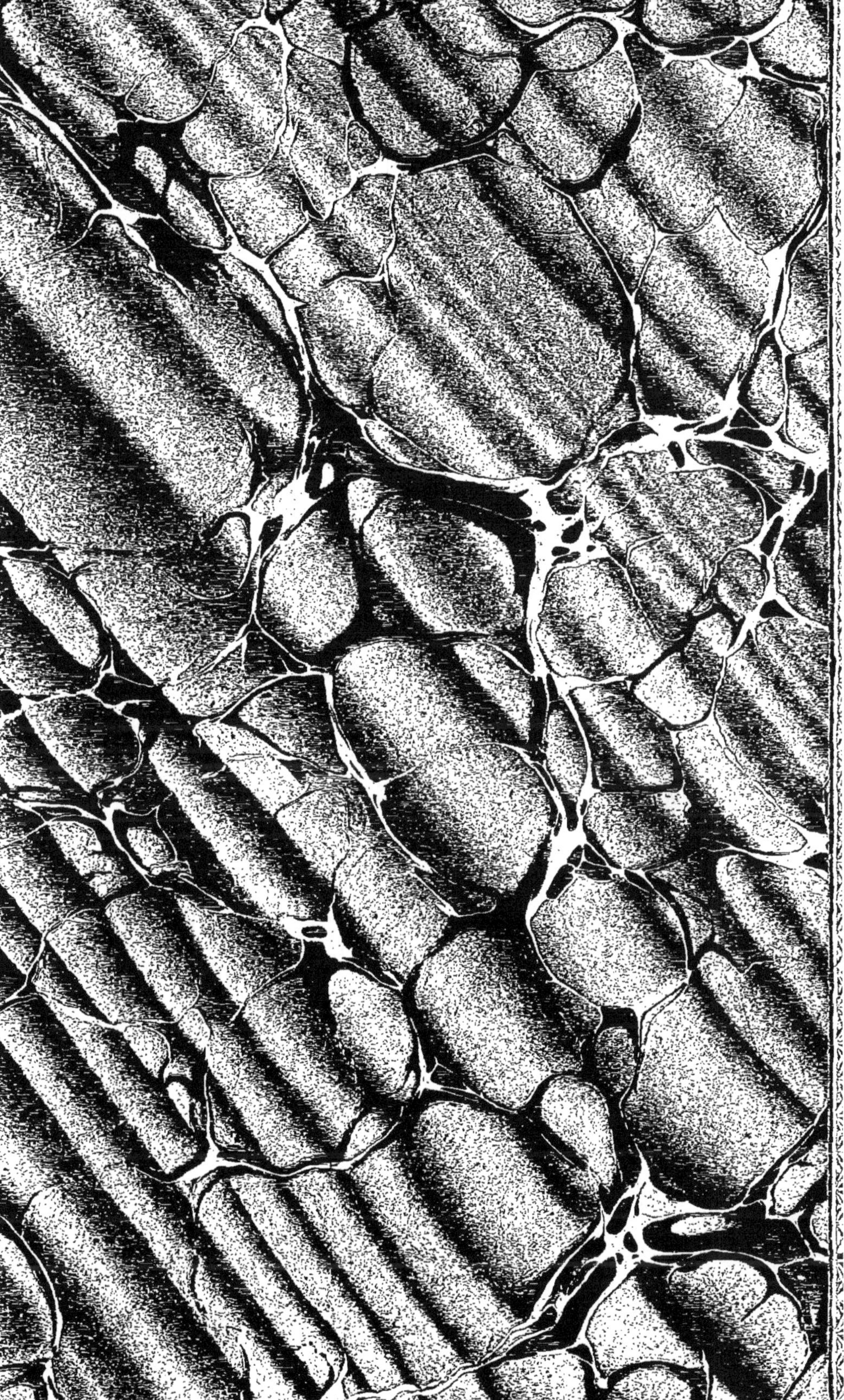

www.ingramcontent.com/pod-product-compliance
Ingram Content Group UK Ltd.
Pitfield, Milton Keynes, MK11 3LW, UK
UKHW022326190726
13856UKWH00001B/241

9 782013 628921